中等职业学校服装专业教材

服装结构设计理论习题集

主 编

王 晴 李术辉

副主编

张海燕 欧小丽

苏梨兰 黄 倩

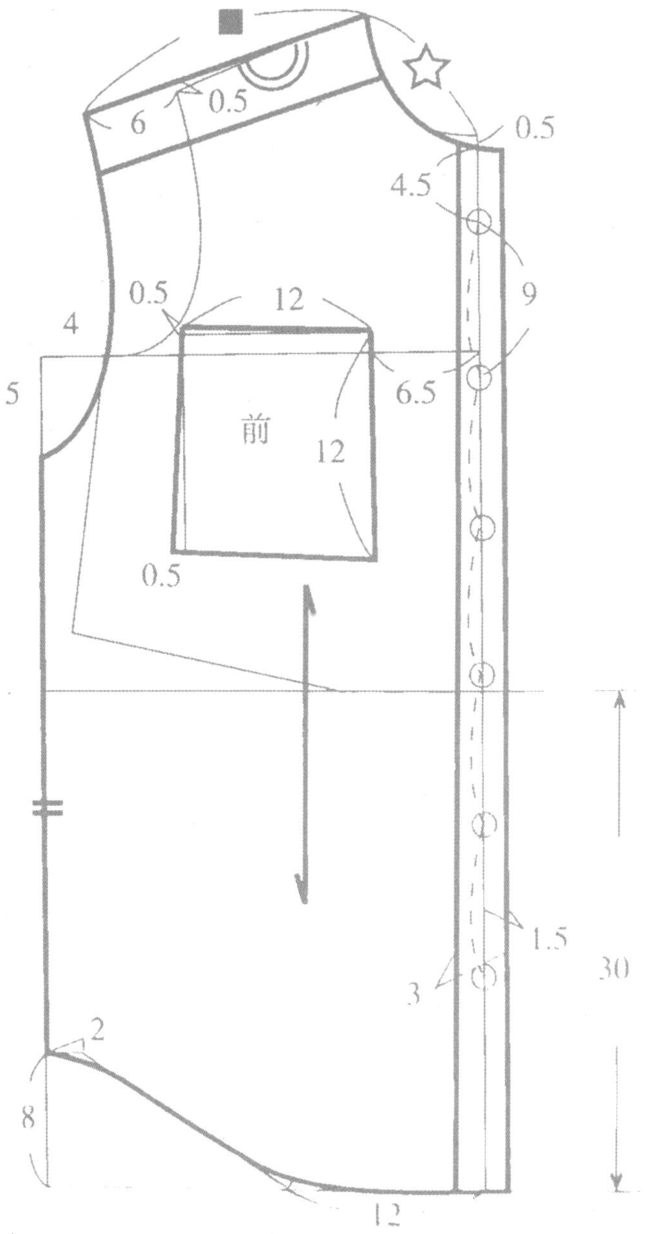

重庆大学出版社

图书在版编目(CIP)数据

服装结构设计理论习题集 / 王晴，李术辉主编 . 重庆 : 重庆大学出版社, 2024. 8. -- (中等职业学校服装专业教材). -- ISBN 978-7-5689-4605-6

Ⅰ. TS941.2-44

中国国家版本馆 CIP 数据核字第 2024GH2790 号

服装结构设计理论习题集

主　编　王　晴　李术辉

副主编　张海燕　欧小丽　苏梨兰　黄　倩

策划编辑：蹇　佳

责任编辑：丁薇薇　蹇　佳　　版式设计：谭冬玲

责任校对：关德强　　　　　　责任印制：赵　晟

*

重庆大学出版社出版发行

出版人：陈晓阳

社址：重庆市沙坪坝区大学城西路 21 号

邮编：401331

电话：(023)88617190　88617185(中小学)

传真：(023)88617186　88617166

网址：http:// www. cqup. com. cn

邮箱：fxk@ cqup. com. cn (营销中心)

全国新华书店经销

重庆正文印务有限公司印刷

*

开本：889mm × 1194mm　1/16　印张：7.75　字数：130 千

2024 年 8 月第 1 版　　2024 年 8 月第 1 次印刷

印数：1—3 000

ISBN 978-7-5689-4605-6　定价：38.00 元

前　言

本书认真贯彻全国职业教育大会精神，深化“三教”改革，根据中等职业学校课程标准，全面落实立德树人的根本任务，结合中等职业学校学生的实际情况，遵循学生的认知规律，紧紧围绕“四基”“四能”以及服装学科核心素养培育进行编写，在练习内容、习题挑选、课程思政元素的融入等方面进行了创新，是一本巩固新知、培养能力、提升素养的理论习题集。学生通过完成本书的练习能更好地理解服装结构设计的基本概念，掌握服装结构设计的基础知识，熟悉服装结构设计的基本思想和方法，具备一定的服装结构设计意识和能力。本书由长期从事中职服装教学，教学经验丰富且教学能力强的高、中级骨干教师编写。

服装行业对服装专业学生能力要求的不断提高，使得学生掌握专业理论知识越发重要。本习题集严格按照本专业人才培养方案、课程标准和重庆市高等职业教育分类考试服装设计与工艺专业理论考试大纲编写，共分为三部分。第一部分为学科单元基础练习题，忠实教材，每一任务一练，题型包括填空题、选择题、判断题和简答题，重基础、知识点覆盖全面，旨在帮助教师梳理各理论知识点，帮助学生对学科各理论知识点进行理解、掌握和熟记；第二部分为学科专业模拟测试，题型包括选择题、判断题和简答题，帮助教师对学生某学习阶段进行考核和评估，要求学生在熟记知识点的同时，还能进行理论分析，兼顾实际应用，注重理论联系实际；第三部分为学科综合测试，严格按照重庆市高等职业教育分类考试服装设计与工艺专业理论考试大纲和高考题型、题量、分值编写，内容包括服装结构制图的理论，重在帮助教师对学生整个职高阶段的学习进行考核、评估，帮助学生顺利通过高考。

本习题集遵循循序渐进的原则，力求让学生熟练记忆、灵活运用、提高专业素质，最终将理论知识运用到服装设计、生产实践中。本习题集适用面广，既可作为服装专业就业班、3+2中职阶段班课后练习和测试用书，也可作为服装专业升学班高考用书。

由于作者专业水平有限，对于书中存在的问题和不足恳请同行、专家和读者批评指正。

编　者

2024年1月

目　录

单元练习

任务一 服装结构设计方法

一、单项选择题

1.( )是无须测量人台各部位的尺寸,将服装面料直接披挂在人体上或标准的人台上,做出合乎人体体型和符合款式设计的服装造型。

A.平面裁剪　B.立体裁剪　C.注寸法　D.原型法

2.下列不属于平面裁剪方法的是( )。

A.立裁法　B.比例分配制图法　C.原型制图法　D.基型制图法

3.题3图中用到的制图方法是( )。

A.D式法　B.比例分配制图法

C.原型制图法　D.基型制图法

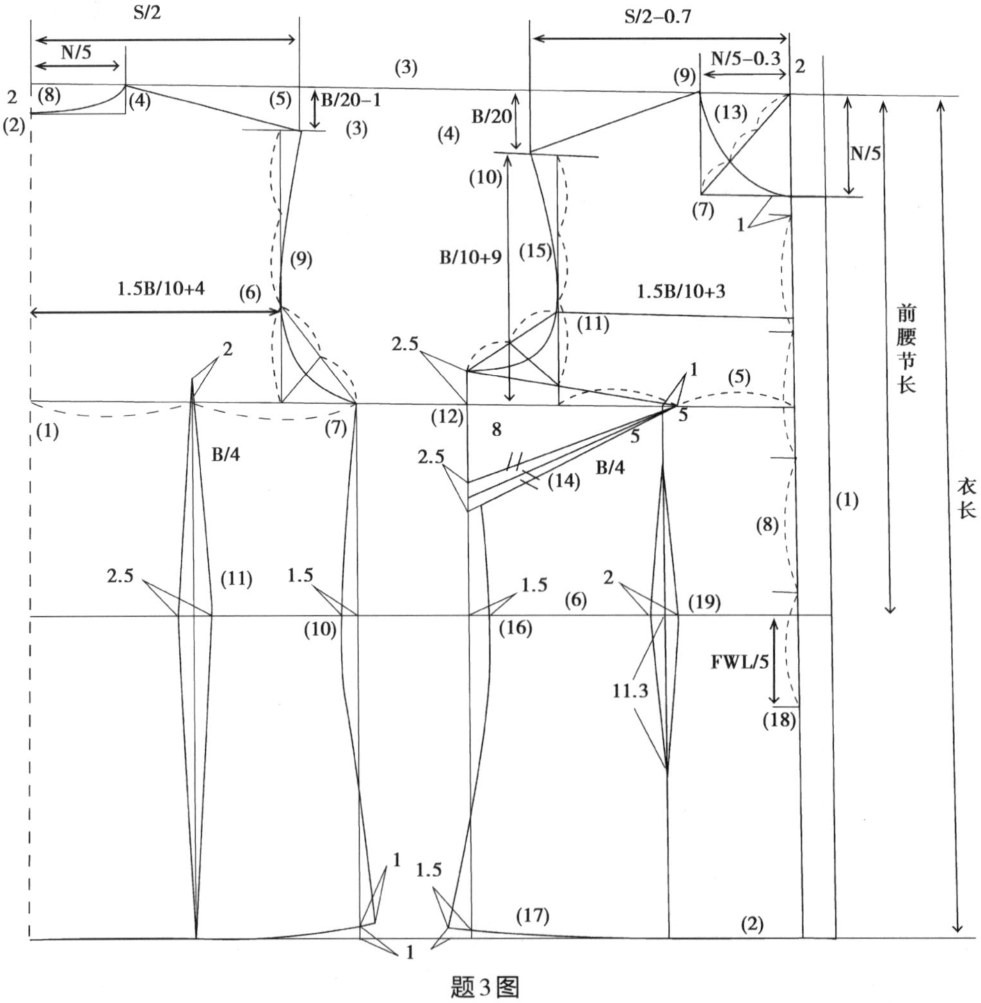

题3图

4.下列表述中,属于原型制图法的是(　　)。

A.以胸围为基础求各部位的数值,很适合量体裁衣使用

B.以主要围度尺寸按照比例关系,推导其他部位尺寸的制图方法

C.以人体的净样数值为依据,加上固定的放松量,预先做出一个有适度松量的基本原型,然后以此为基础进行服装的款式变化

D.依据服装成衣中各部位的规格尺寸,直接定出衣片各部位结构的尺寸并进行制图

5.立体裁剪是依据(　　)为基础造型的。

A.牛皮纸　　B.大头针　　C.人体比例　　D.人体模型(人台)

二、判断题

1.服装是由面料组成的,服装结构设计制图方法分为两大类:原型裁剪和立体裁剪。(　　)

2.立体裁剪是服装结构制图中使用最广泛的一种方法。(　　)

3.平面裁剪是以测量所得的尺寸为依据,通过一定的制图原则,在面料或纸上绘制服装结构图。(　　)

4.原型制图法和比例分配制图法都属于平面裁剪法。(　　)

5.题5图中属于服装结构制图中的实量制图法。(　　)

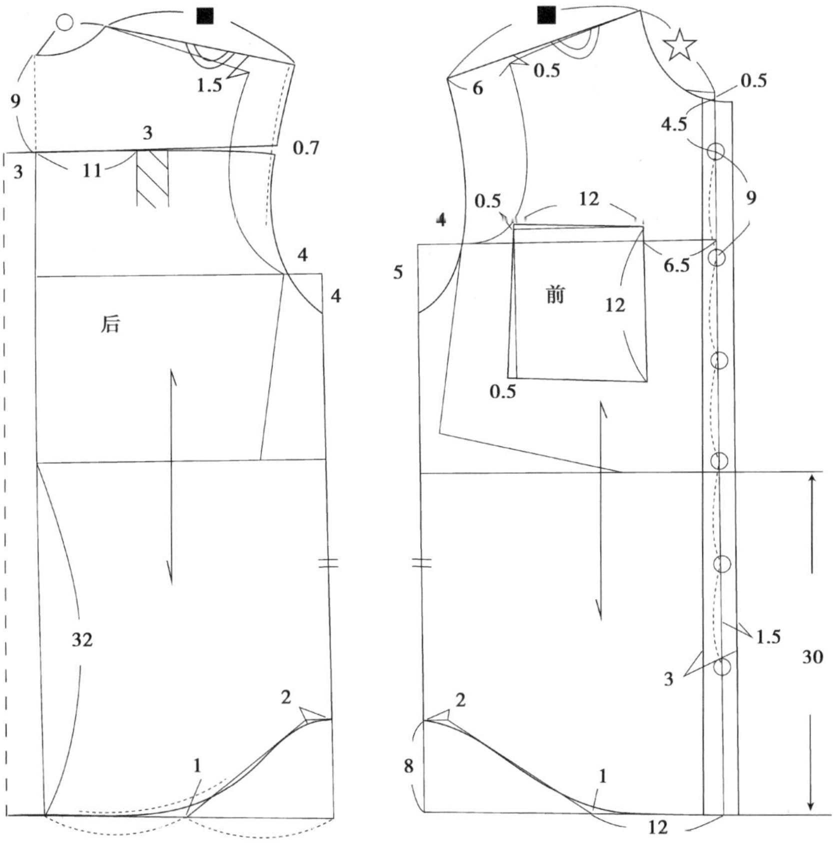

题5图

三、简答题

简述立体裁剪与平面裁剪的区别。

任务二　服装结构设计工具及符号

一、单项选择题

1. 服装结构制图中,(　　)是用于表现图样结构的基本线,例如腰围线等。

A. 轮廓线　　B. 辅助线　　C. 虚线　　D. 点划线

2. 服装结构制图中,通常起到牢固服装的作用,主要用在面布内侧的是(　　)。

A. 辅助线　　B. 虚线　　C. 贴边线　　D. 双点划线

3. 服装结构制图中,表示拼合符号的是(　　)。

A.

B.

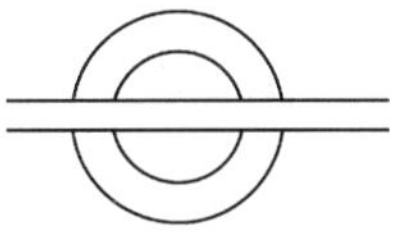
C.

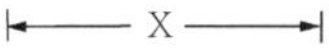

D.

4. 服装结构制图中,表示等分符号的是(　　)。

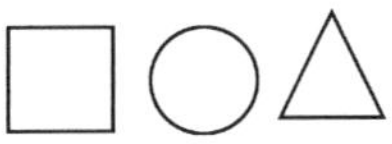
A.

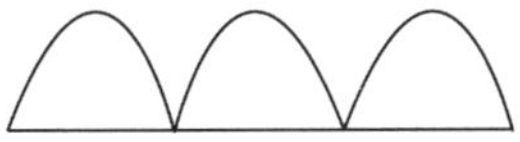
B.

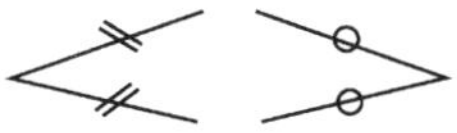
C.

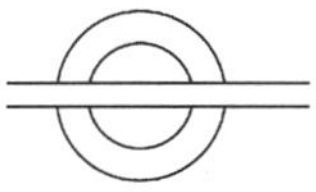
D.

5. 服装结构制图中,表示归拢符号的是(　　)。

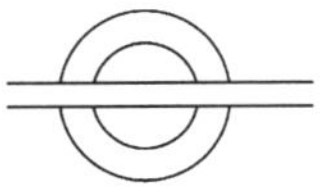
A.

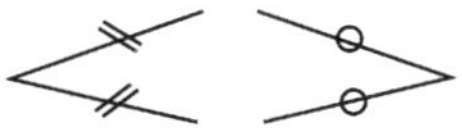
B.

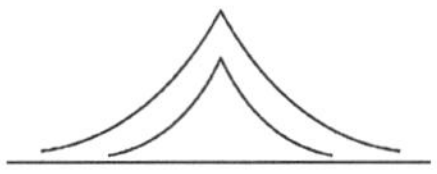
C.

D.

6. 服装结构制图中,符号  的名称是(　　)。

A. 拼合　　B. 等长　　C. 经向(丝缕)　　D. 倒顺

7.服装结构制图中,表示裥量在内的折裥符号是(　　)。

A.　　　　B.　　　　C.　　　　D.

8.服装结构制图中,对省缝符号表达正确的是(　　)。

A.表示该部位有规则折叠

B.表示布料直接收拢成细褶

C.表示该部位需缝去

D.表示衣片在缝制时应稍紧缩的部位

9.在常用的服装结构制图术语中,下列表述错误的是(　　)。

A.衣片的锁眼边为里襟

B.上衣门里襟反面的贴边为挂面

C.克夫又称袖头,缝接于衣袖下端,一般为长方形袖头

D.水平线的上翘(抬高)为翘势

10.服装结构制图中,表示领围线的英文缩写是(　　)。

A.SNP　　B.N　　C.NL　　D.NP

11.服装结构制图中,表示颈肩点的英文缩写是(　　)。

A.NP　　B.SNP　　C.SP　　D.SB

12.服装结构制图中,表示袖口的英文缩写是(　　)。

A.AH　　B.CF　　C.SB　　D.CR

13.服装结构制图中,英文缩写HS表示(　　)。

A.脚口宽　　B.立裆深　　C.袖口　　D.头围

14.服装结构制图中,英文缩写CR表示(　　)。

A.脚口宽　　B.立裆深　　C.袖口　　D.头围

15.服装结构制图中,英文缩写BL表示(　　)。

A.肘线　　B.胸围线　　C.膝围线　　D.领围线

16.服装结构制图中,英文缩写BNP表示(　　)。

A.颈侧点　　B.前颈点　　C.后颈点　　D.颈肩点

17.服装结构制图中,部位名称与英文缩写都正确的是(　　)。

A.胸围B　　B.腰围WL　　C.膝围线NL　　D.肘线 KL

18.(　　)起到两个作用:一是确保服装结构设计在生产中不走样;二是规范加工技术,缩短生产时间。

A.对位　　B.定位　　C.扒开　　D.顺毛

二、判断题

1.服装结构制图符号由服装结构样板设计符号和样板工艺符号两部分组成。(　　)

2.在服装结构制图中,铅笔主要用在绘图上,H型为软型,B型为硬型。(　　)

3.轮廓线也称粗实线,通常在结构图中起辅助的作用。(　　)

4.服装结构制图中,同一图纸中同类图线的宽度应一致。(　　)

5.服装结构制图中,表示等量符号。(　　)

6.服装结构制图中,活褶是省的一种,它是按一定间距设计的,也叫作褶裥,一般分为左右单褶、明褶、暗褶四种。(　　)

7.定位点是指在服装结构图中某部位的位置需要通过定位点来完成,如袋位、省位等。(　　)

8.毛样是服装的实际规格,包括缝份、贴边等。(　　)

9.困势是直线的偏进,如裤子侧缝困势,指后裤片在侧缝线上端处的偏出量。(　　)

10.重叠符号所在的位置为结构图重叠部分,在分离复制样板时需要分离。(　　)

11.制图代号BP既代表胸高点又代表胸围线。(　　)

12. 服装结构制图部位代号中，制图代号 HL 代表臀围线。（　　）

13. 顺毛符号在结构制图中标出双箭头符号，要求制作者把纸样中的箭头方向与带有毛向布料的毛向保持一致。（　　）

14. 比例尺一般为测体所用，经常用于测量、复核各曲线和部位的长度。（　　）

15. 驳头为挂面第二粒扣上段向外翻出不包括领的部分。（　　）

三、简答题

1. 写出下列服装部位代号的中文名称。

W：　　　　H：　　　　N：　　　　AH：

SNP：　　　S：　　　　WL：　　　　FNP：

2. 请用直线将服装部位的代号与对应的部位名称连接起来。

EL　　　　L　　　　SB　　　　HS　　　　SL

●　　　　●　　　　●　　　　●　　　　●

●　　　　●　　　　●　　　　●　　　　●

长度　　　　头围　　　　肘线　　　　袖长　　　　脚口宽

3. 请用直线将服装制图符号与对应的名称连接起来。

●　　　　●　　　　●　　　　●　　　　●

●　　　　●　　　　●　　　　●　　　　●

省道符号　　　　缩褶符号　　　　间距　　　　等量符号　　　　倒顺毛符号

4.画出下列服装样板设计符号与工艺符号。

(1)直角符号

(2)剪切符号

(3)重叠符号

(4)对位符号

(5)拔开符号

5.解释下列服装制图术语。

(1)净样

(2)凹势

(3)叠门

(4)门襟

(5)过肩

任务三　人体测量的部位与方法

一、单项选择题

1.服装结构设计的依据是(　　)。

A.服装　　B.人体　　C.结构　　D.比例

2.人体测量按照部位进行划分,下列不属于服装测量的部位是(　　)。

A.围度　　B.长度　　C.宽度　　D.弧度

3.关于正常人体臀围的测量方法,下列说法正确的是(　　)。

A.软尺绕人体臀围最丰满处水平围量一周

B.软尺绕人体肚脐围量一周

C.软尺绕人体腰围最细处水平围量一周

D.软尺绕人体臀沟处水平围量一周

4.测量后腋点间的距离属于人台测量的是(　　)。

A.后腰节长

B.背长

C.背宽

D.胸宽

5.关于人体前腰节长的测量方法,下列说法正确的是(　　)。

A.腰围至臀围间的距离

B.肩颈点向下量至腰部最细处

C.前颈点量至腰部最细处

D.肩颈点经胸高点向下量至腰部最细处

6.关于人体臂根围的测量方法,下列说法正确的是(　　)。

A.肩端点下8~10 cm处围量手臂最粗处一周

B.经肩点、前后腋点测量一周

C.从肩的一端经后颈点至肩的另一端

D.经肩点至前腋点的距离

7.下列关于测量部位说法正确的是(　　)。

A.臂围:肩端点下6~10 cm处围量手臂最粗处一周

B.膝围:膝上2~3 cm处水平围量一周

C.胸宽:测量后腋点间的距离

D.胸高:左右乳点之间的水平距离

8.下列关于测量部位的说法错误的是(　　)。

A.腰长:腰围至臀围间的距离

B.胸高:由右颈肩点量至乳峰点

C.背长:肩颈点经肩胛骨向下量至腰部最细处

D.乳距:左右乳点之间的水平距离

9.测体工具不包括(　　)。

A.软尺　　B.纸和笔　　C.腰节带　　D.放码尺

10.下列不属于人体测量方法的是(　　)。

A.男体测量　　B.女体测量　　C.童体测量　　D.老年体测量

二、判断题

1.人体比例,一般以头高为单位计算。(　　)

2.在测量过程中,对同一个穿着对象来说,其西服的袖长要比中山服长。(　　)

3.直尺是测体的主要工具,要求质地柔韧,刻度清晰,稳定不胀缩。(　　)

4.人体测量要求被测者穿紧身单衣或贴体内衣,赤足自然站立,手臂下垂,挺胸抬

头等，以免影响所量尺寸的准确程度。（　）

5. 测量围度时，右手持软尺的零起点一端紧贴测点，左手持软尺水平绕测位一周。（　）

6. 在测量过程中，按衣片结构特点，夹克衫的袖长跟一般款式的袖长一样长。（　）

7. 在测量过程中，按照款式特点，装垫肩的衣袖比不装垫肩的衣袖长。（　）

8. 腰围的测量方法是围绕肚脐水平围量一周。（　）

9. 全肩宽的测量方法是从肩胛骨经过后颈点至另一端的肩胛骨。（　）

10. 袖长是测量肩点经肘点至尺骨下端。（　）

11. 肩端点是测量肩宽和袖长部位定位的参考点。（　）

12. 量体时一般不需考虑被测量者所穿衣服厚薄的因素。（　）

13. 腿根围的测量方法是大腿中部围量一周。（　）

14. 颈围是用软尺测量经第六颈椎点处的颈部水平围一周。（　）

15. 测量时软尺不宜过松，保持横平竖直，一般以垫入一个手指为宜。（　）

16. 按穿着层次因素，面料厚的衣服的长度要略长。（　）

17. 人体比例以头为单位，正常成年男性约7个头长，成年女性约7个半头长。（　）

三、简答题

1. 写出人体测量要求以及各部位的测量方法。

（1）测体要求

（2）胸围

(3)颈根围

(4)头围

(5)臂围

2.简述人体测量的方法和测体工具。

任务四　服装号型标准

一、单项选择题

1. 我国人体体型分类代号按胸腰差划分为(　　)。

A.A、B、C、D　　B.Y、A、B、C　　C.Y、A、B、D　　D.Y、A、B

2. 在体型分类代号中,A体为一般体型,女子胸腰差为(　　)。

A.3~9 cm　　B.8~14 cm　　C.14~18 cm　　D.13~19 cm

3. 在服装号型定义中,型指人体的(　　),以(　　)为单位,是设计和选购服装肥瘦的依据,表示服装(　　)的参数。

A. 围度、cm、围度　　B. 高度、cm、围度

C. 胸围、m、长度　　D. 胸围或腰围、cm、围度

4. 上装的号型为165/88A,165是表示(　　),88是表示(　　),A表示(　　)。

A. 身高、胸围、胸腰差在14~18 cm

B. 身高、腰围、胸腰差在4~8 cm

C. 身高、胸围、胸腰差在10~18 cm

D. 身高、胸围、胸腰差在12~18 cm

5. 在我国服装号型标准中,女子A体型中间标准体的号型上装一般用(　　),下装一般用(　　)。

A.165/88A、165/68A　　B.160/84A、160/68A

C.165/88A、165/64A　　D.160/84A、160/64A

6. 某青年女士,身高161 m,胸围80 cm,腰围64 cm,按照我国服装号型标准,她应该

选购(　　)号型的上衣和裤子。

A. 上装 162/80A，下装 162/64A　　B. 上装 160/80Y，下装 160/64Y

C. 上装 160/84B，下装 160/64B　　D. 上装 160/80A，下装 160/64A

7. 上装的衣长与以下哪个控制部位有关？(　　)

A. 坐姿颈椎点高　B. 胸围　C. 腰围　D. 臀围

8.26 岁的陈女士胸围为 87 cm、腰围为 76 cm，她的体型属于(　　)。

A.Y 体　B.A 体　C.B 体　D.C 体

9. 根据女子体型分类适应范围中，胸腰差在 4~8 cm 的体型分类代号是(　　)。

A.Y　B.A　C.B　D.C

10. 下列上装服装号型中，(　　)号型服装厂一般不生产。

A.165/84A　B.160/84A　C.165/102A　D.160/80A

11. 上装主要的控制部位是(　　)。

A. 衣长、领围、总肩宽、胸围、袖长、臀围、前后腰节长

B. 衣长、领围、总肩宽、胸围、腰围、袖长、前后腰节长

C. 衣长、领围、总肩宽、胸围、袖长、臂围、前后腰节长

D. 裤长、领围、总肩宽、胸围、袖长、臂围、前后腰节长

12. 下装的裤长与(　　)控制部位有关。

A. 腰围高　B. 胸围　C. 腰围　D. 臀围

13. 某女士购买了一件号型为 165/88A 的衬衫，胸围的放松量为 10 cm，这件女衬衣的成品胸围是(　　)。

A.94 cm　B.96 cm　C.98 cm　D.100 cm

14.155/80Y 规格，155 号表示适用于身高为(　　)的人，80 表示适用于胸围在(　　)的人，Y 表示适用于胸腰差在(　　)的人。

A.153~157 cm、78~81 cm、19~24 cm

B.152~156 cm、78~81 cm、18~22 cm

C.153~157 cm、78~82 cm、14~18 cm

D.153~156 cm、78~82 cm、13~19 cm

15.175/92B规格，175号表示适用于身高为(　　)的人，92表示适用于(　　)在90~93 cm的人，B表示适用于胸腰差在(　　)的人。

A.172~176 cm、胸围、14~18 cm

B.175~180 cm、腰围、14~18 cm

C.173~177 cm、腰围、9~13 cm

D.173~177 cm、胸围、9~13 cm

二、判断题

1. 现行的GB/T 1335.2—1997内容是从2000年6月1日起在全国实施。(　　)

2.《服装号型标准》中规定人体的基本部位上装是胸围和腰围，下装是腰围和臀围。(　　)

3. 号指人体的身高，以厘米为单位，是设计和选购服装肥瘦的依据。(　　)

4.5.4系列中的“5”是表示身高的分档数，“4”是表示胸围或腰围的分档数。(　　)

5. 下装的号型为170/86B，170表示身高，86表示臀围。(　　)

三、简答题

1. 控制部位数值是指人体主要部位的数值，是设计服装规格时必须依据的主要部件，请分别写出五个长度部位和围度部位。

2. 请简述女子体型划分依据及女子体型分类代号的适应范围。

3. 请根据题3表中5位成年女性的人体数据和我国服装号型标准中的体型划分依据，写出1~5号女性所属的体型分类代号和适应范围。

题3表

部位 序号	身高	胸围	腰围	臀围
1	155 cm	90 cm	84 cm	92 cm
2	158 cm	82 cm	62 cm	88 cm
3	161 cm	80 cm	70 cm	90 cm
4	165 cm	90 cm	74 cm	95 cm
5	172 cm	88 cm	70 cm	95 cm

任务五　衣身结构设计

一、单项选择题

1.衣身结构设计，主要是围绕(　　)的变化进行的。

A.胸省和领口省　　B.胸省和腰省

C.腰省和背省　　D.胸省和肩省

2.款式图 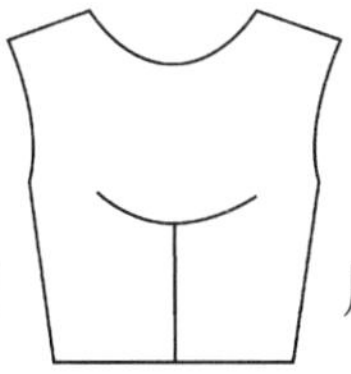 所对应的结构图是(　　)。

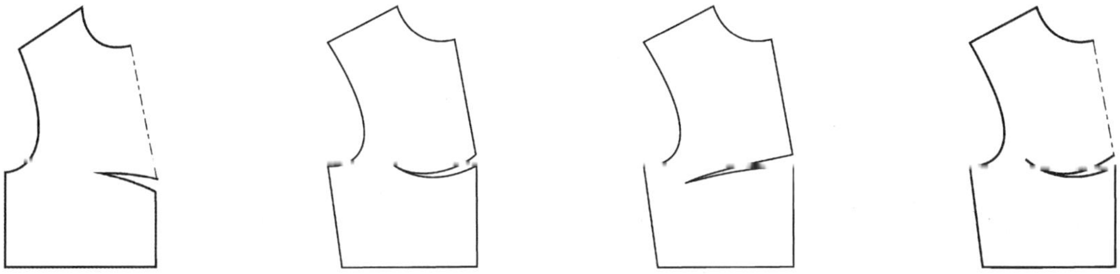

A.　　B.　　C.　　D.

3.款式图 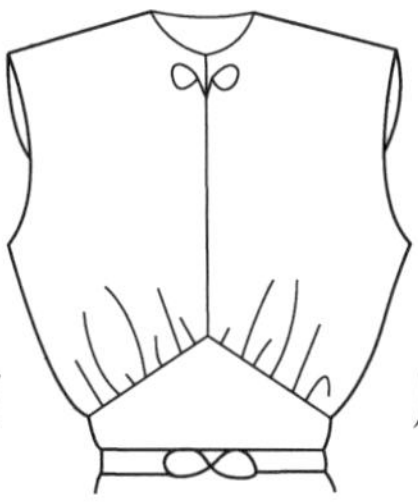 所对应的结构图是(　　)。

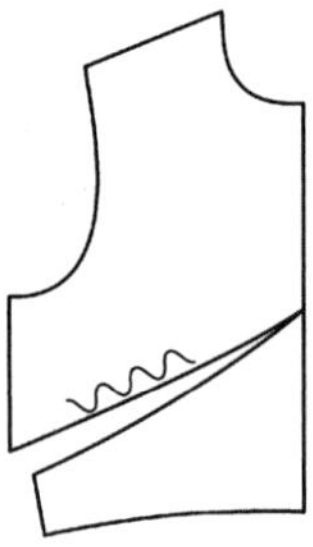
A.

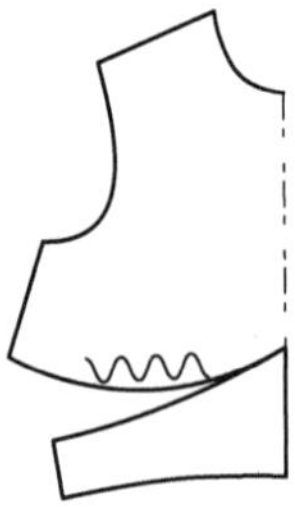
B.

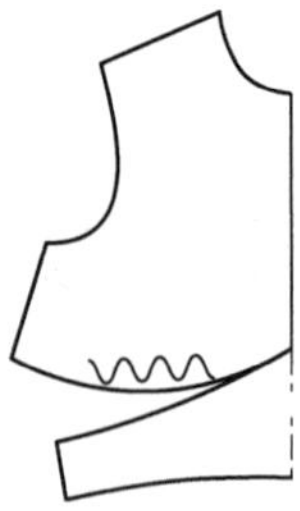
C.

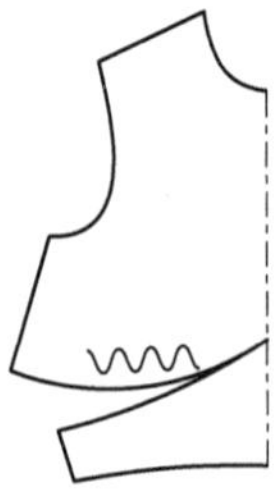
D.

4.款式图所对应的结构图是(　　)。

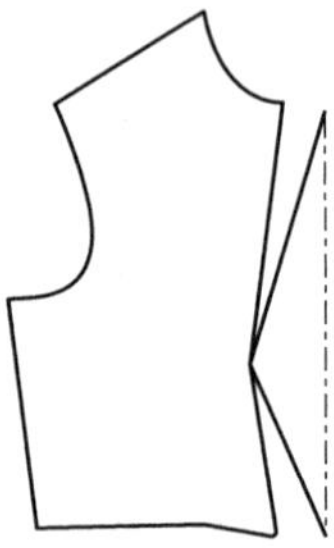
A.

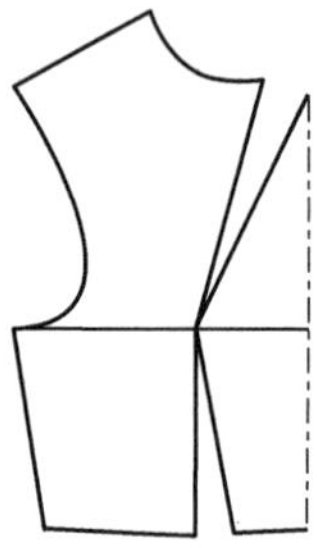
B.

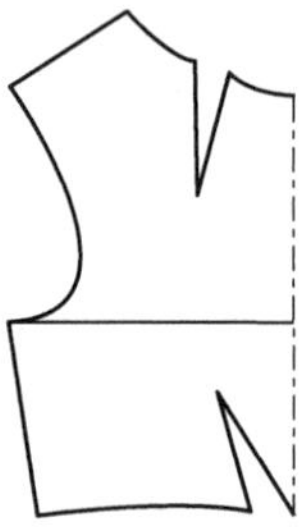
C.

D.

5.款式图所对应的结构图是(　　)。

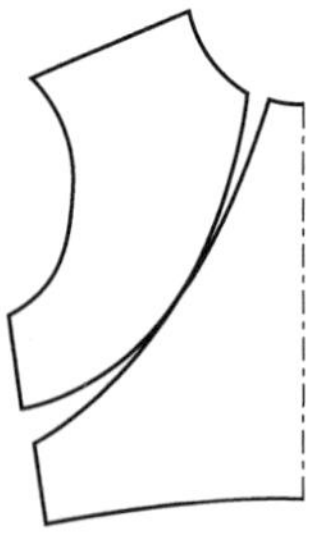
A.

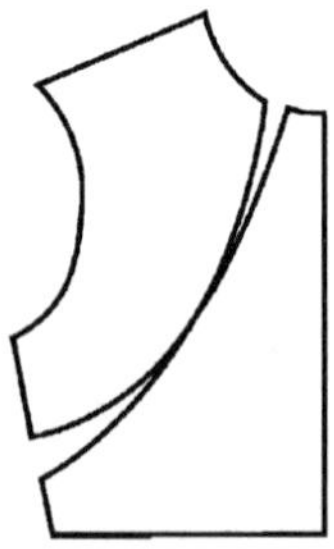
B.

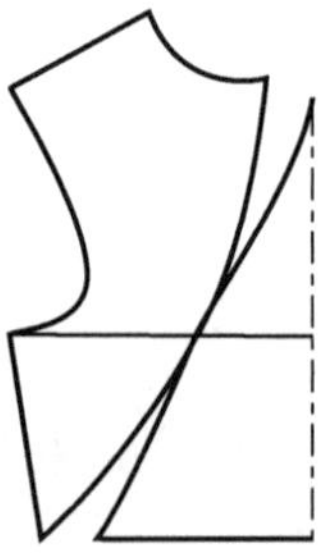
C.

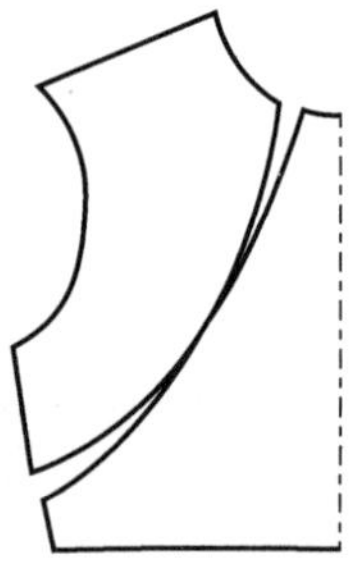
D.

6.款式图  所对应的结构图是(　　)。

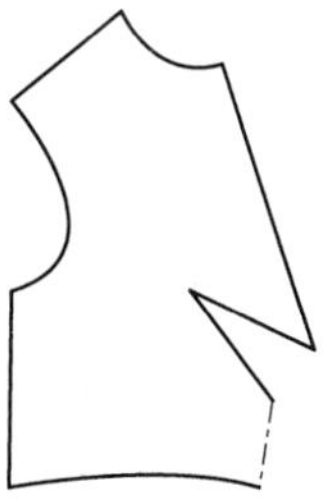
A.

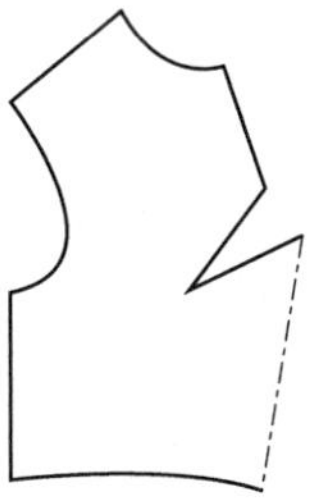
B.

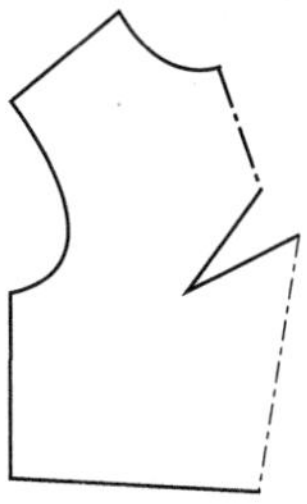
C.

D.

7.款式图  所对应的结构图是(　　)。

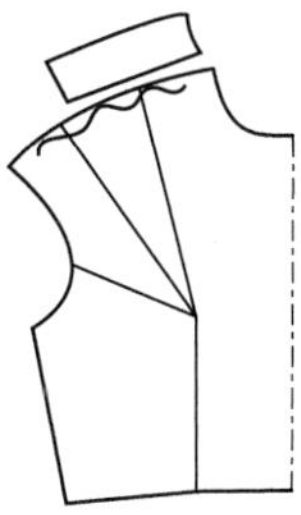
A.

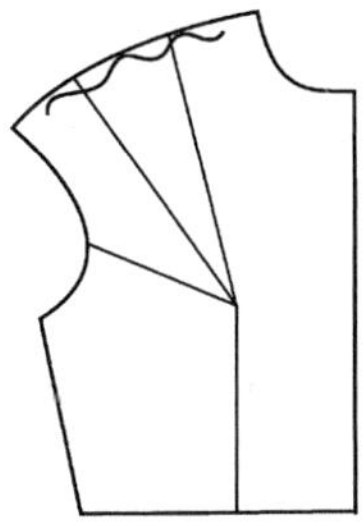
B.

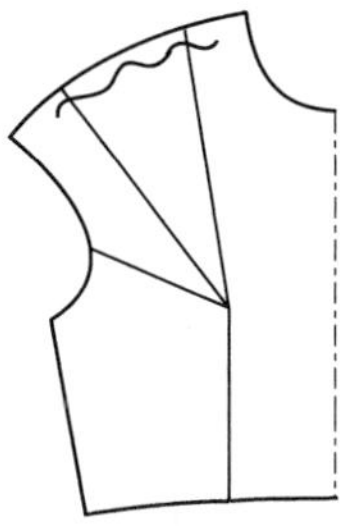
C.

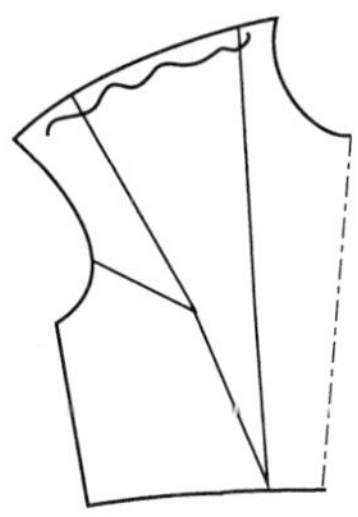
D.

8.款式图 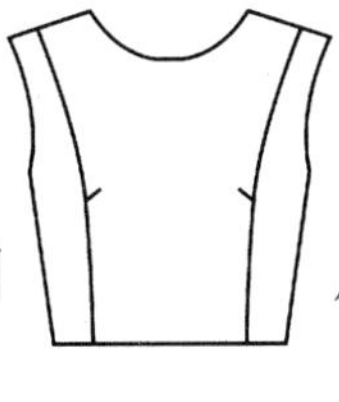 所对应的结构图是(　　)。

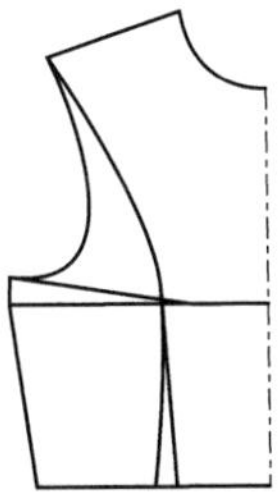
A.

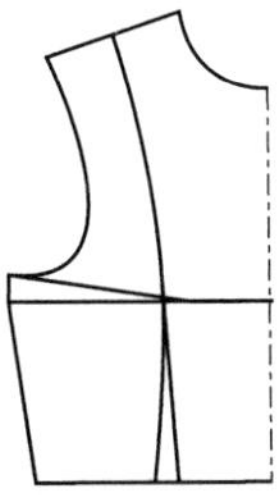
B.

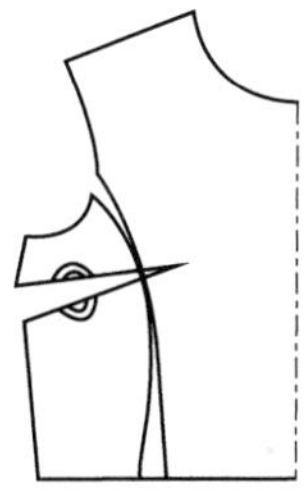
C.

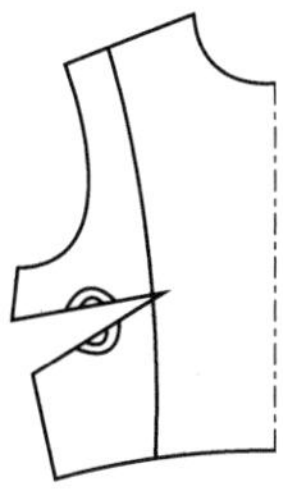
D.

9.款式图  所对应的结构图是(　　)。

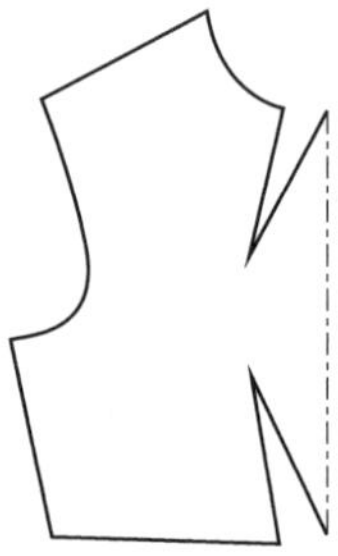
A.

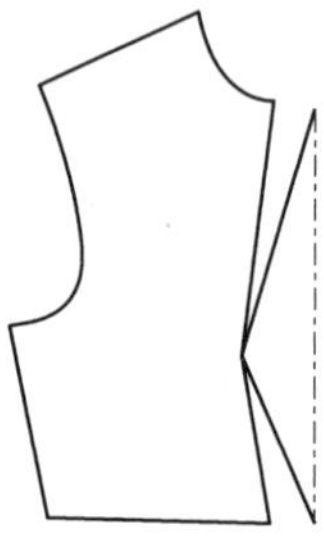
B.

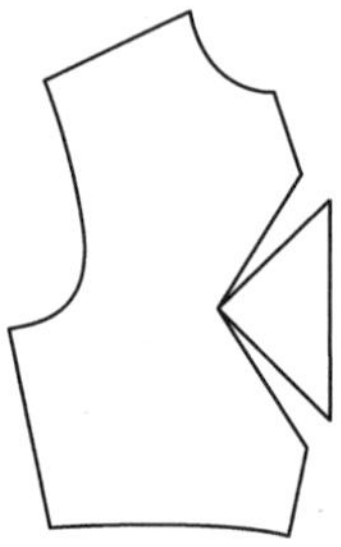
C.

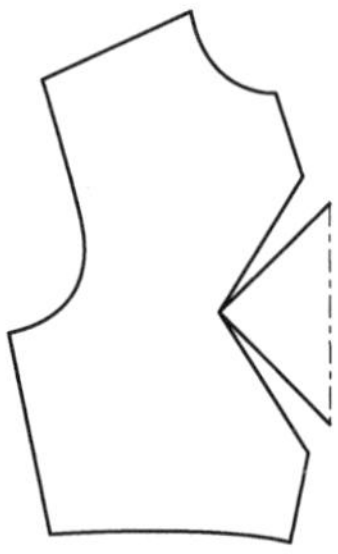
D.

10.款式图  所对应的结构图是(　　)。

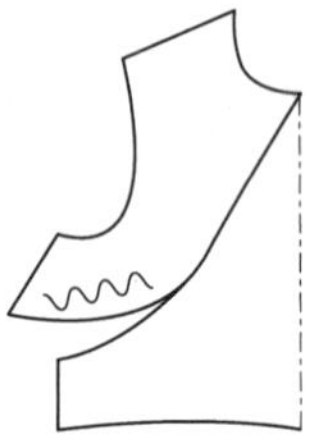
A.

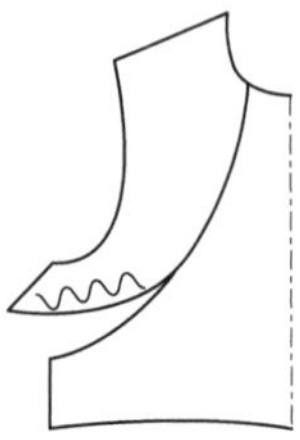
B.

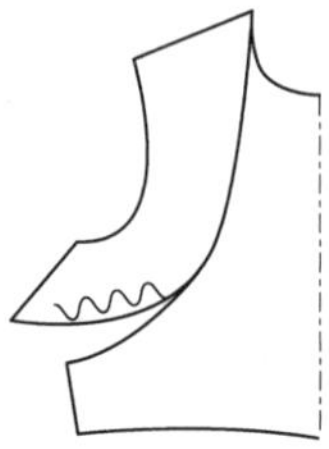
C.

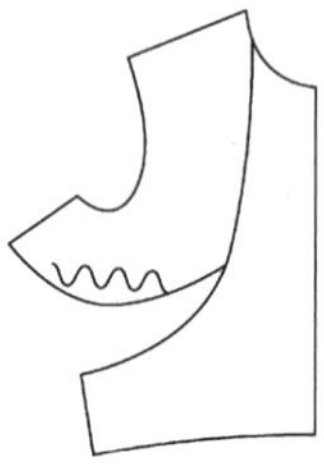
D.

11.款式图 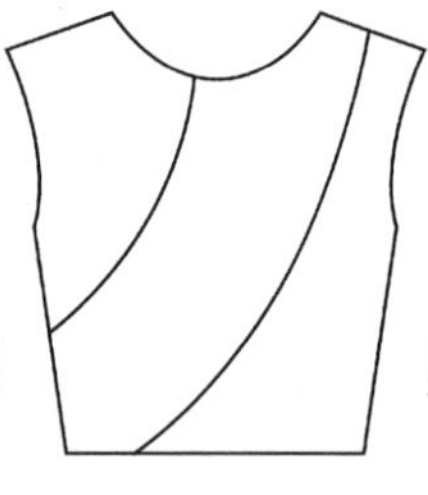 所对应的结构图是(　　)。

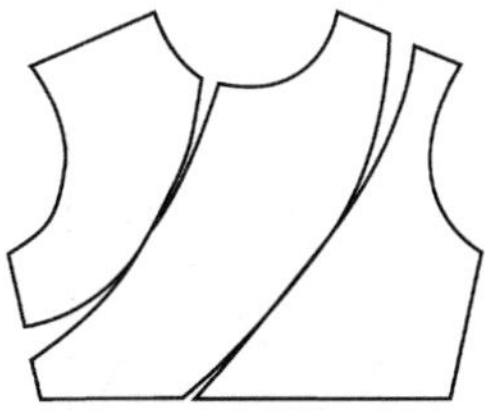 A.

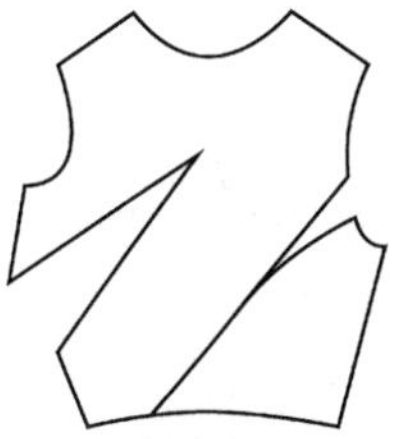 B.

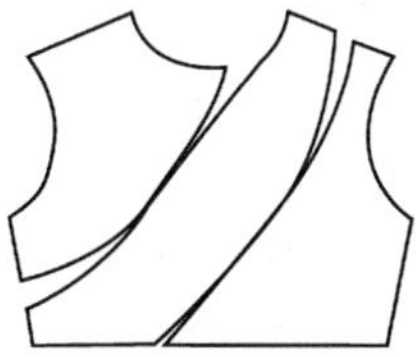 C.

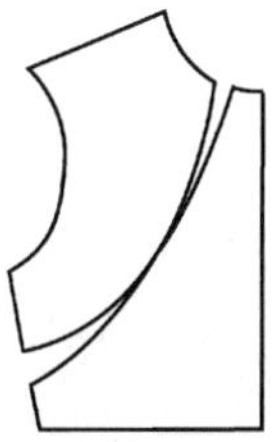 D.

12. 结构图 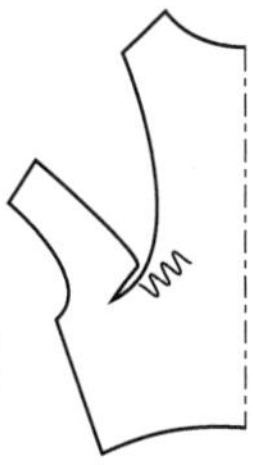 所对应的款式图是(　　)。

 A.

 B.

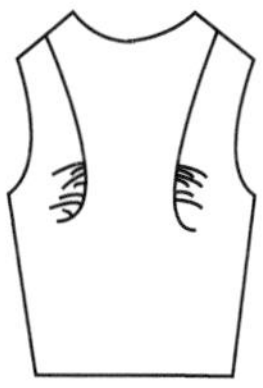 C.

 D.

13. 款式图  所对应的结构图是(　　)。

 A.

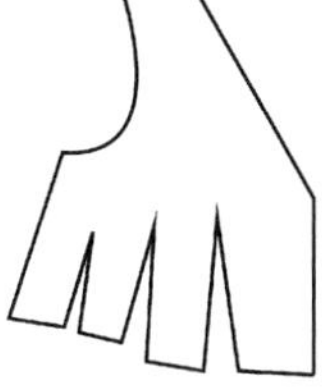 B.

 C.

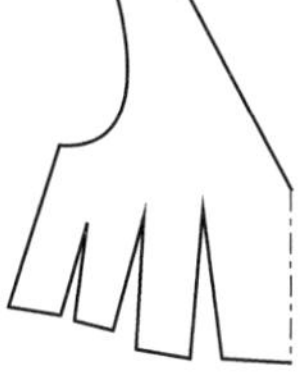 D.

14. 款式图  所对应的结构图是(　　)。

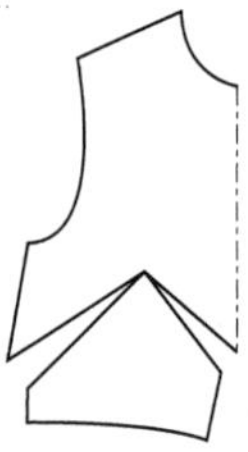
A.

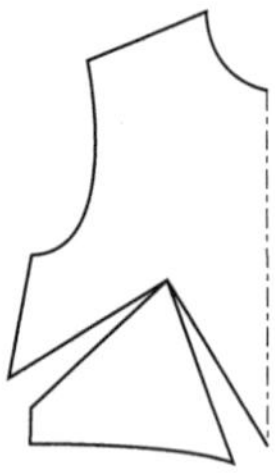
B.

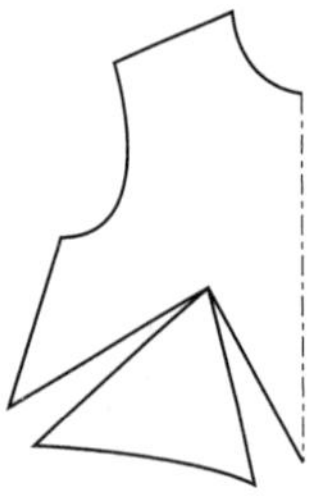
C.

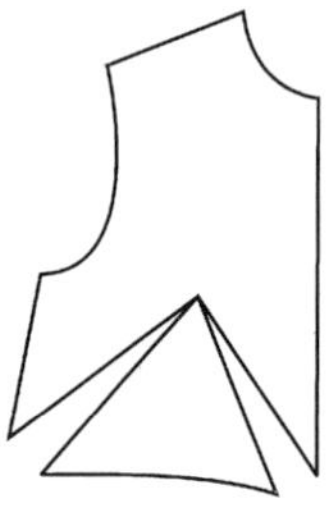
D.

15.结构图所对应的款式图是(　　)。

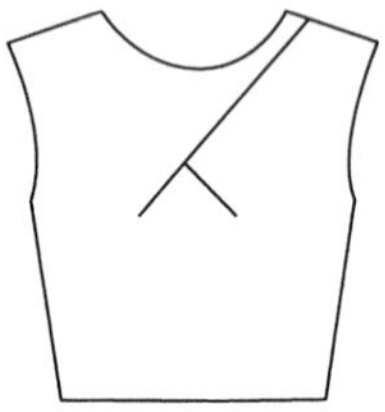
A.

B.

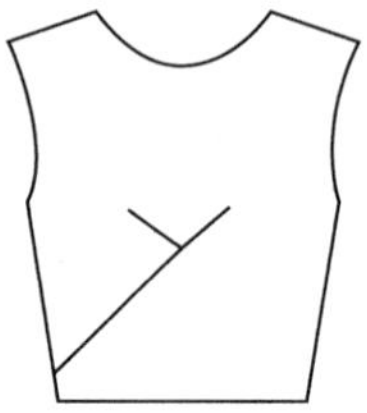
C.

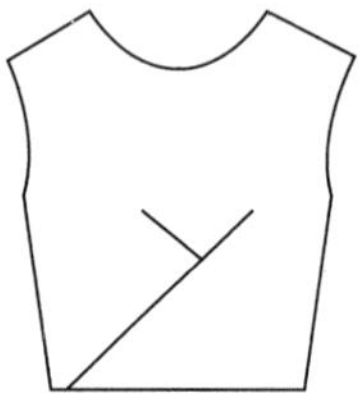
D.

16.款式图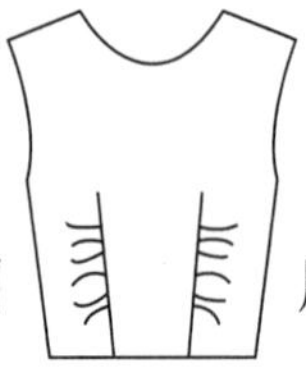所对应的结构图是(　　)。

A.

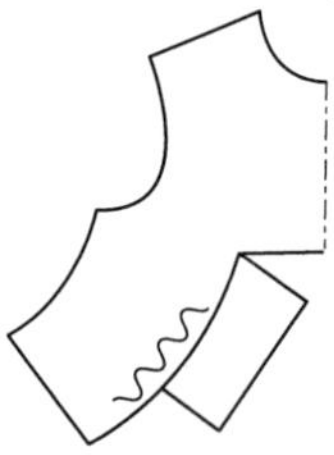
B.

C.

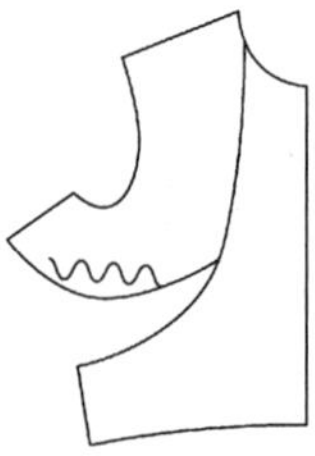
D.

17.结构图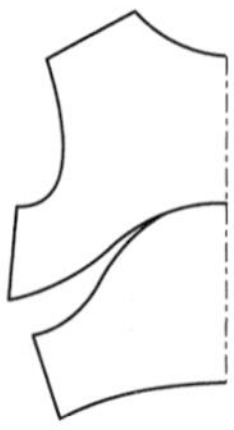所对应的款式图是(　　)。

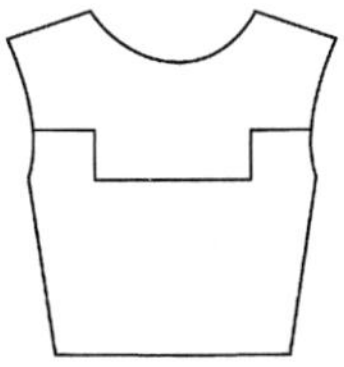   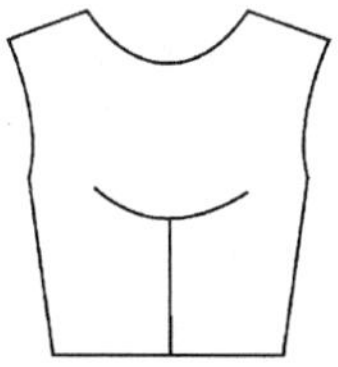

A. B. C. D.

18.结构图  所对应的款式图是(　　)。

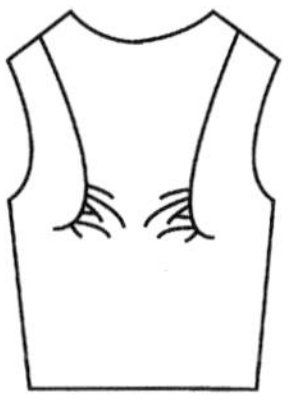   

A. B. C. D.

19.款式图  所对应的结构图是(　　)。

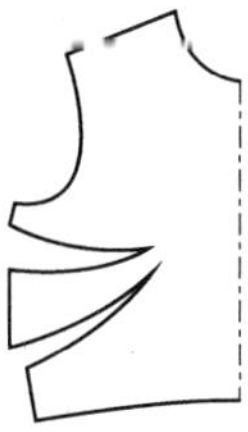   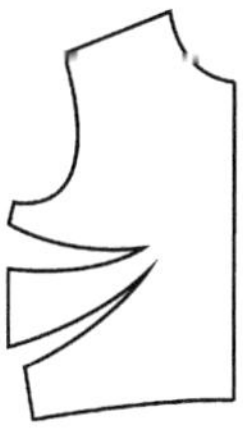

A. B. C. D.

20.款式图  所对应的结构图是(　　)。

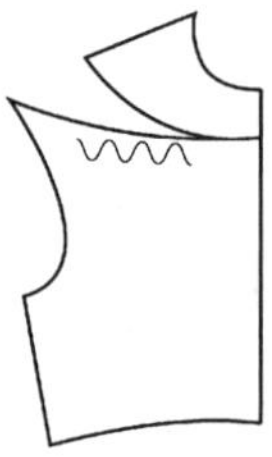
A.
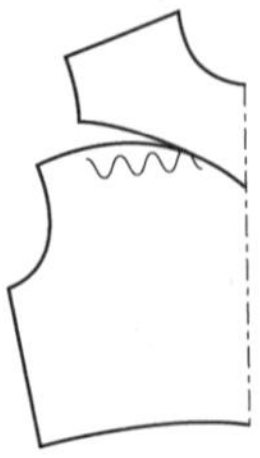
B.
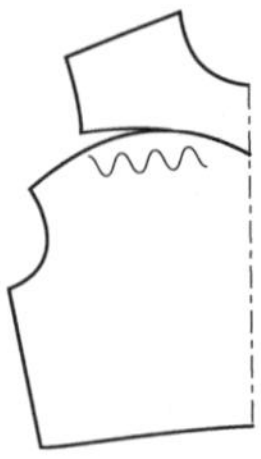
C.
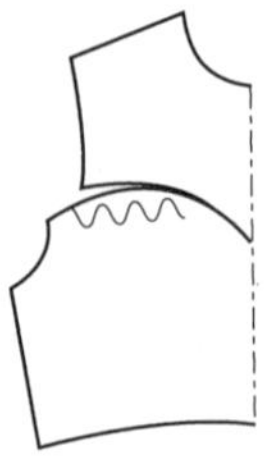
D.

21.款式图所对应的结构图是(　　)。

A.

B.

C.

D.

22.款式图所对应的结构图是(　　)。

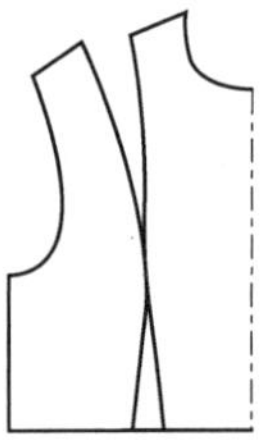
A.
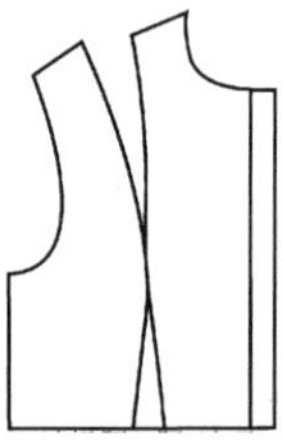
B.
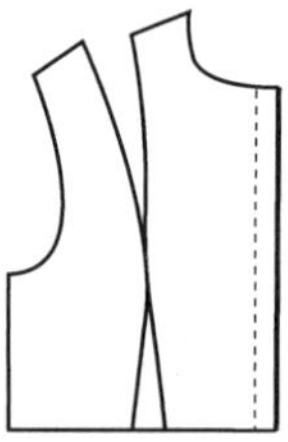
C.

D.

23.款式图所对应的结构图是(　　)。

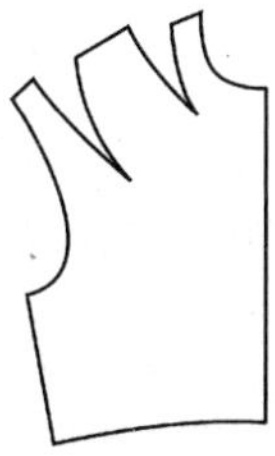
A.

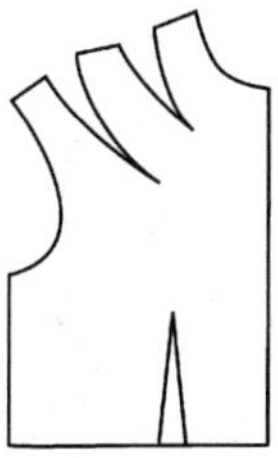
B.

C.

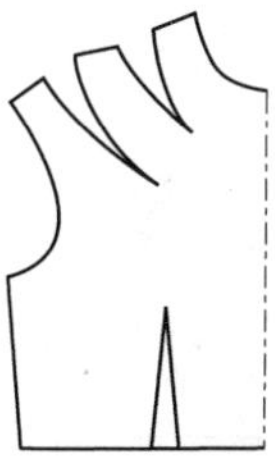
D.

24. 款式图  所对应的结构图是(　　)。

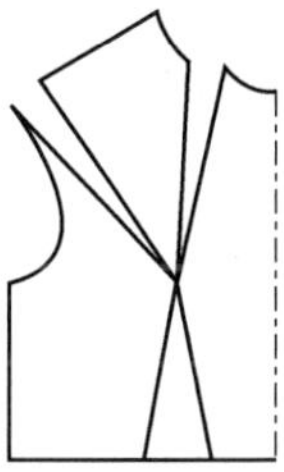
A.

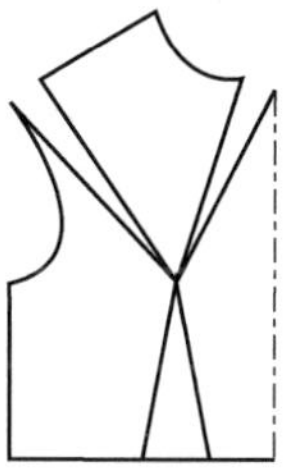
B.

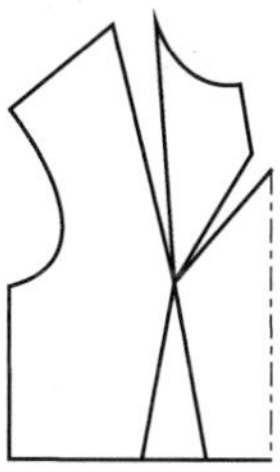
C.

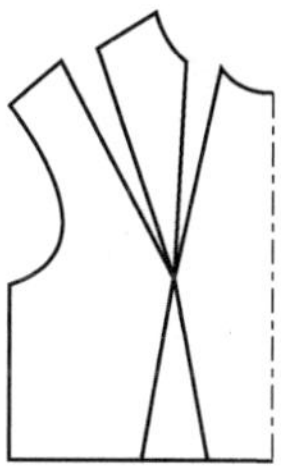
D.

25. 款式图 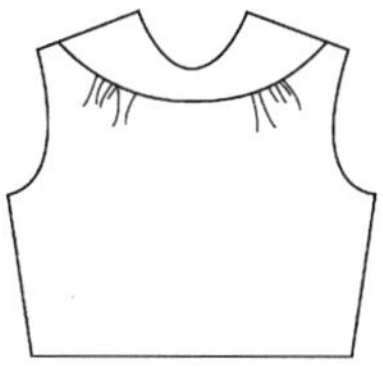 所对应的结构图是(　　)。

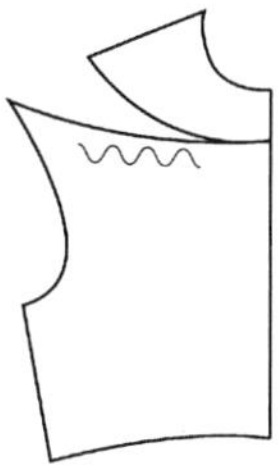
A.

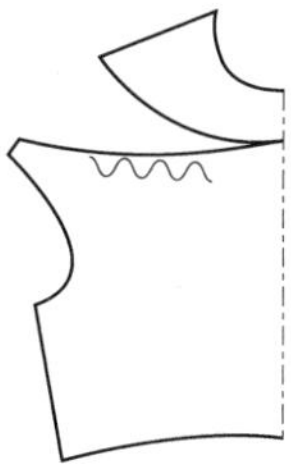
B.

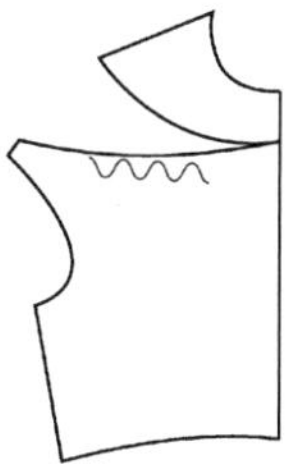
C.

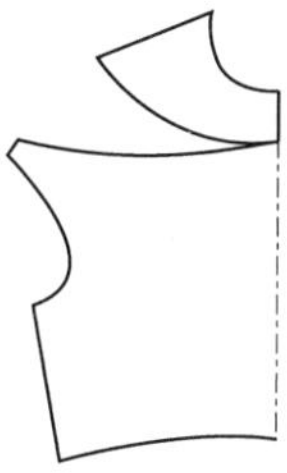
D.

26. 款式图  所对应的结构图是(　　)。

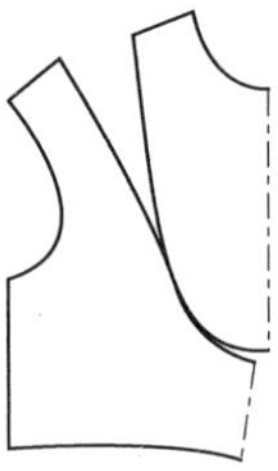
A.
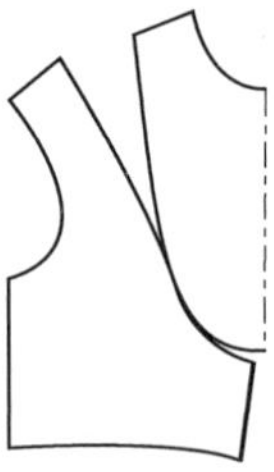
B.
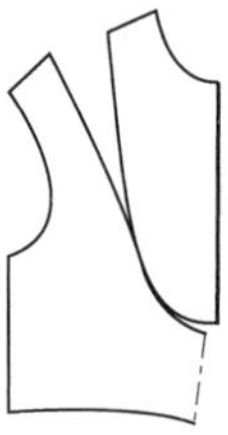
C.
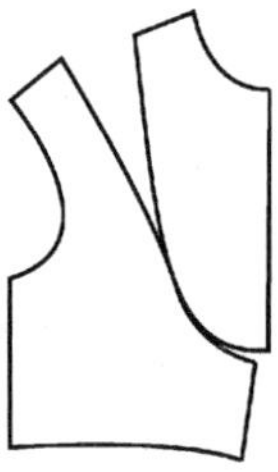
D.

27.款式图所对应的结构图是(　　)。

A.
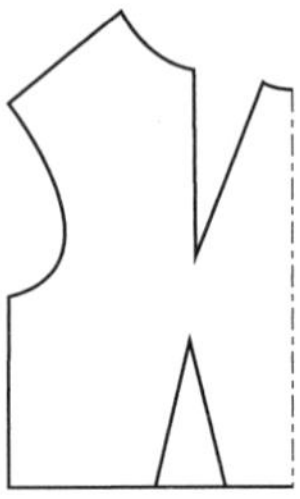
B.

C.
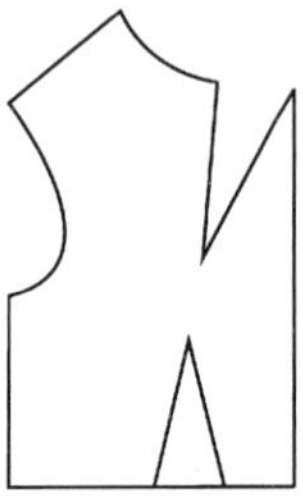
D.

28.款式图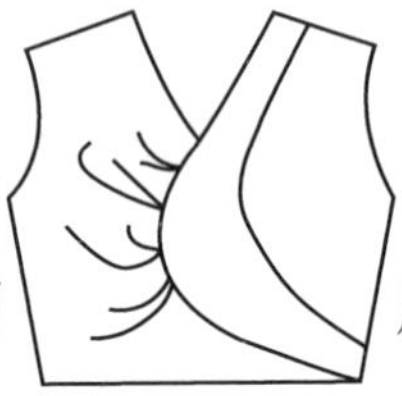所对应的结构图是(　　)。

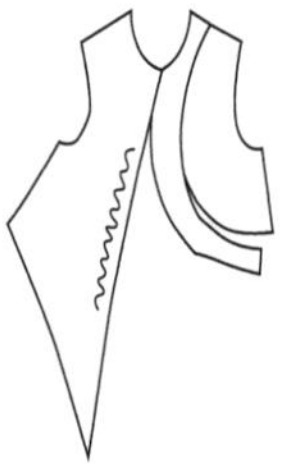
A.
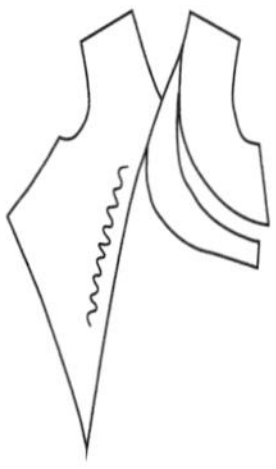
B.

C.
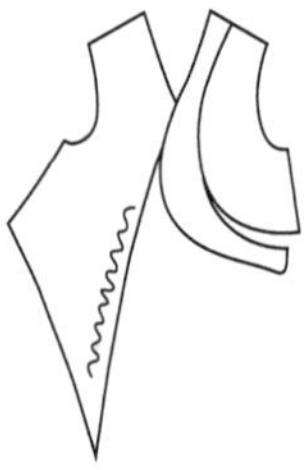
D.

29.在处理衣身结构时,对衣身进行撇胸的情况说法错误的是(　　)。

A.衣身不需要设计省道,为了使前胸部呈略微内收的状态,减少胸部的不平服

B.胸凸较大的体型女装,胸凸省的取值较大,撇胸处理可以减少胸前中部的余量

C.一般情况下,有胸省就要有撇胸处理,可以减少胸部不平服

D.胸部省量并不大,为使服装胸部更加平服,可以进行撇胸

30.关于衣身放松量下列说法错误的是(　　)。

A.在被测量者自然站立,正常呼吸的情况下,量得人体近胸围是84 cm,如果被测量者做深呼吸,胸部扩张2~4 cm

B.正装的放松量一般为8~10 cm

C.由于服装有多种分类方法,按长短可分为长款、中长款、中款、短款等

D.宽松类的大衣、风衣放松量为12~16 cm

二、判断题

1.分割线在服装结构设计中是完成平面到立体所使用的必要手段。(　　)

2.在衣身结构设计中,分割线在满足胸腰收省的前提下可任意进行设计。(　　)

3.在衣身结构设计中,省道的外形可以从直线形变化为曲线形、折线形等。(　　)

4.在衣身结构设计中,省道只能为两个省或者三个省。(　　)

5.常见的服装款式基本省位有领省、肩省、袖窿省、腰省等。(　　)

6.省道的大小与服装合体程度、面料特性、工艺形式等有关。合体程度越高,省量越大,反之就越小;面料伸缩性大,则省量大,反之则小。(　　)

7.设置省缝时可以是单个省,也可以是多个省,单个省衣服形成后形成尖点,多个省省尖处造型较为匀称。(　　)

8.女装后背撇势的取值一般在3 cm左右就可以满足合体服装后背凹势的要求。

(　　)

9.肩胛省是表现人体肩部肩胛骨突出部位变化的省。(　　)

10.紧身类的旗袍礼服胸围放松量为2~6 cm。(　　)

三、简答题

1.写出下列上衣胸省位的名称。

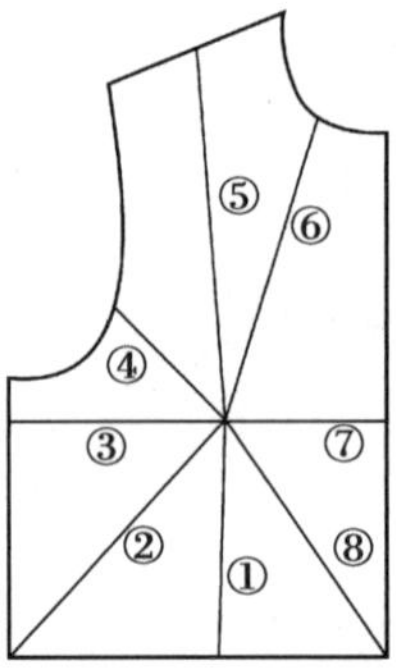

①________,②________,③________,④________,⑤________,

⑥________,⑦________,⑧________。

2. 利用款式图进行转省画出裁片。

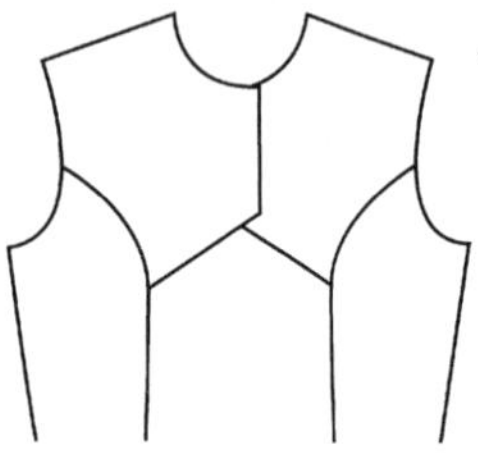

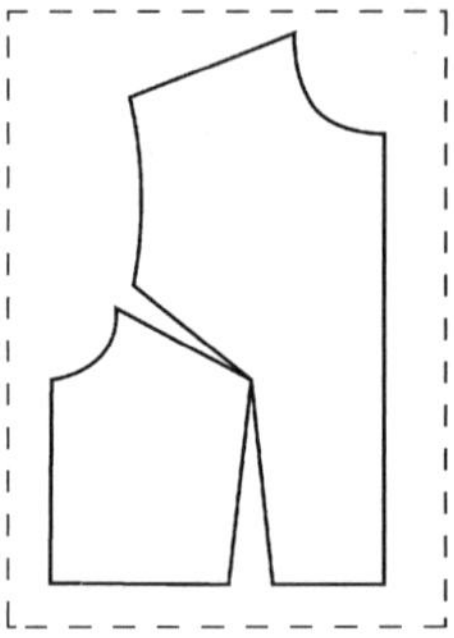

款式图　　　　　　　　　　　　　　绘图区域

3. 请写出省、裥的构成原理。

4.请写出胸省转移的方法有几种以及分别是哪几种?

5.收褶的变化有几种情况,分别是哪几种?

6.省道转移和变化时,需要掌握的原则是什么?

7.请画出S形省、月亮形省、折线形省、锥形省、喇叭形省、冲头形省、枣核形省。

任务六　衣袖结构设计

一、单项选择题

1. 在进行衣袖结构设计时，下列说法正确的是（　　）。

A. 一般情况下，当衣身结构一样时，袖山越低，袖肥越小

B. 一般情况下，当衣身结构一样时，袖山越高，袖肥越大

C. 当衣身结构一样时，袖山越高，袖肥越小，袖子活动量越强

D. 当衣身结构一样时，袖山越低，袖肥越大，袖子活动功能越强

2. 衣袖根据袖肥线可以分为（　　）两部分。

A. 袖山高和袖肥　　B. 袖山高和袖下长

C. 袖肥和袖下长　　D. 袖肥和袖吃势

3. 在衣袖的分类中，下列说法错误的是（　　）。

A. 按袖子的长短可分为无袖、坎袖、短袖、中袖、中长袖等

B. 按外形轮廓线可分为筒袖、喇叭袖、灯笼袖、花瓣袖等

C. 按衣袖缝合方式可分为圆袖、平袖、插肩袖、连袖、过肩袖等

D. 按结构可分为一片袖、圆袖、平袖、插肩袖、连袖、过肩袖等

4.（　　）是指对衣身的袖窿进行设计的一种结构形式。

A. 无袖　　B. 短袖　　C. 月牙短袖　　D. 盖肩袖

5. 在袖的结构设计中，下列表达正确的是（　　）。

A. 短袖的结构设计中通常有贴体型、合体型、宽松型，无较为合体型

B. 泡泡袖是最短的一种袖，由于袖长短于袖山高，袖口会向内凹进，形成弧线状，

所以一般采用滚边处理

C.盖肩短袖是袖子造型中覆盖手臂面积最少的一种，其特点是盖住肩膀，而没有袖下线

D.喇叭短袖是一种袖口打褶的袖子，由于它的形状像喇叭，称为喇叭短袖

6.(　　)是在袖山处、袖口处同时打褶或只在袖山处打褶，从而形成各种泡泡形状的袖子。

A.喇叭短袖　　B.泡泡短袖　　C.灯笼短袖　　D.普通短袖

7.关于喇叭袖的展开方法，下列结构图(　　)正确。

A. 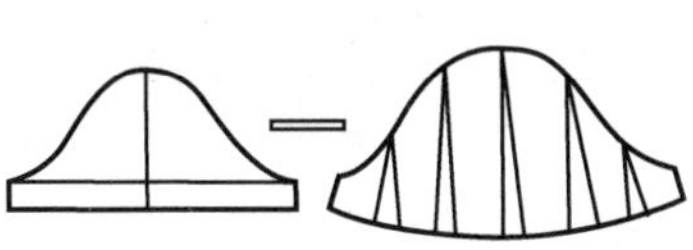

B. 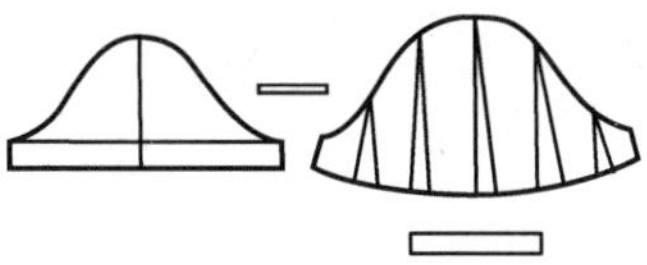

C. 

D. 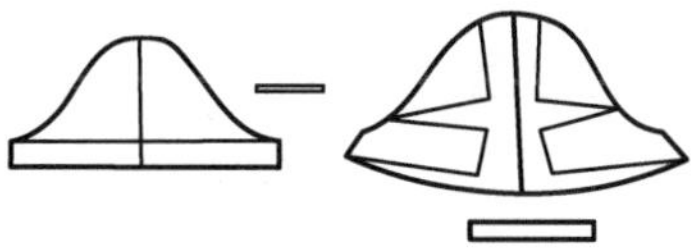

8.泡泡袖所对应的结构图是(　　)。

A. 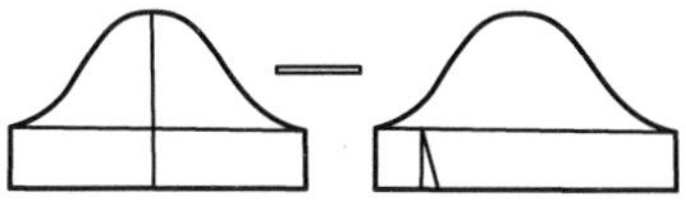

B. 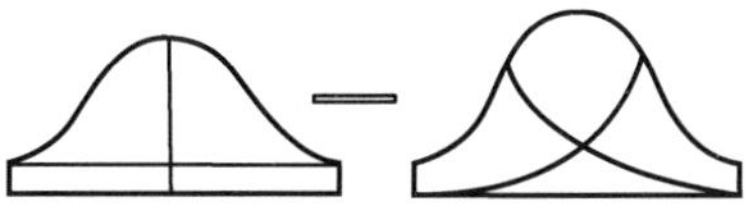

C. 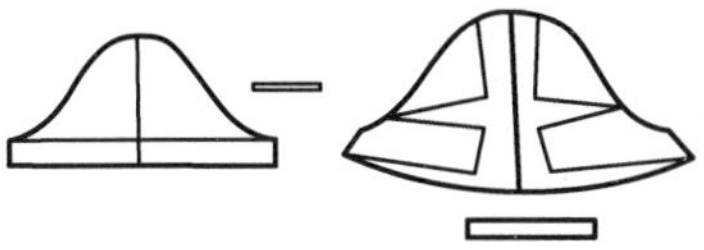

D. 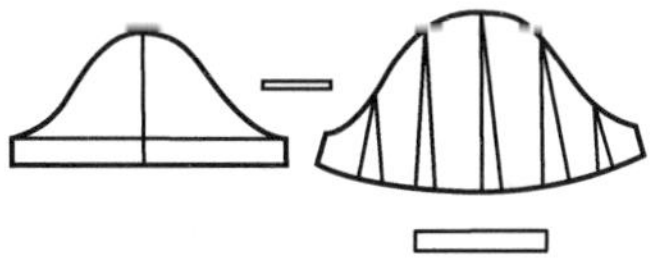

9.花瓣袖所对应的结构图是(　　)。

A. 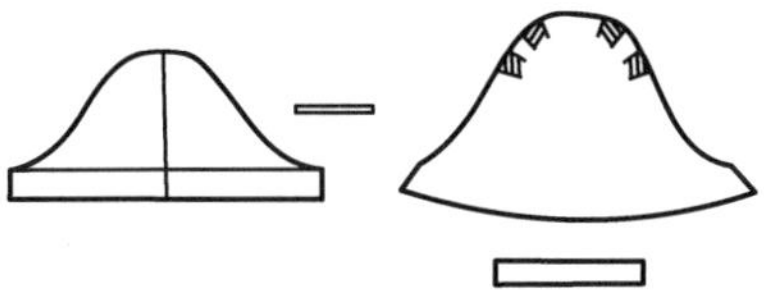

B. 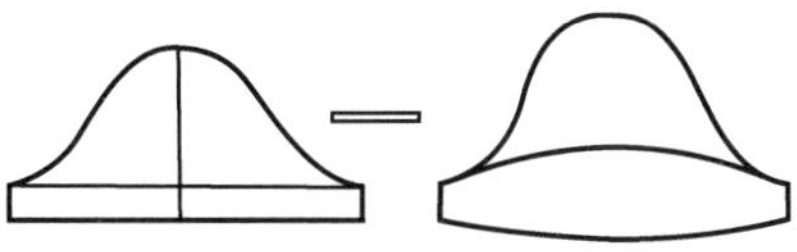

C. 

D. 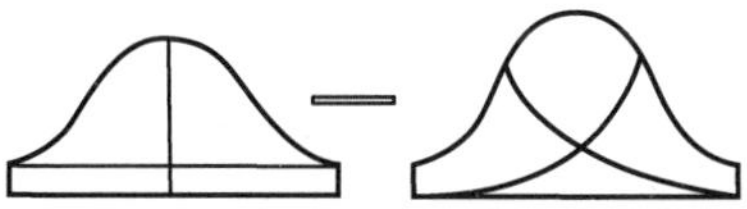

10. 下列不属于灯笼袖结构图的是(　　)。

A. 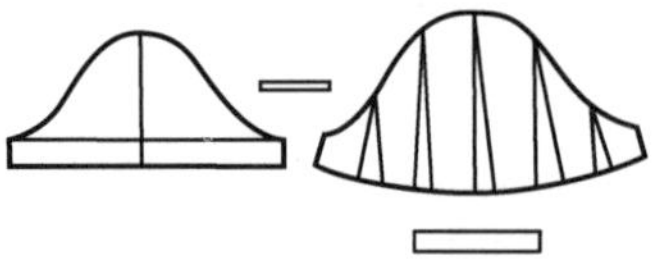

B. 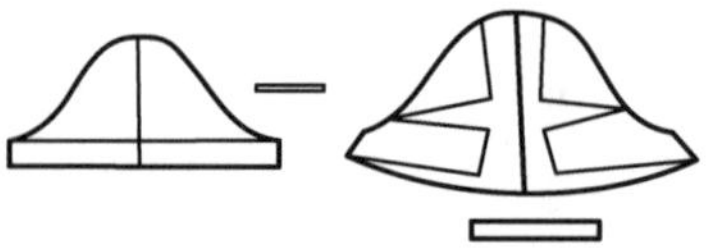

C. 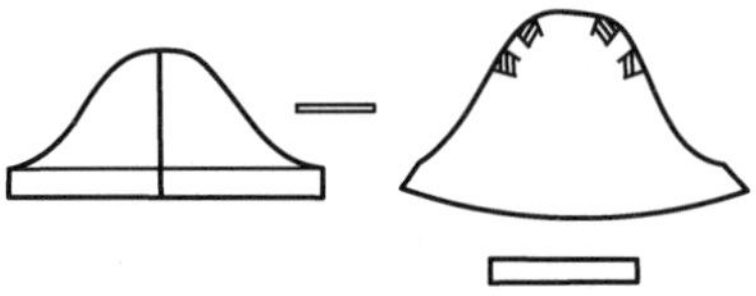

D. 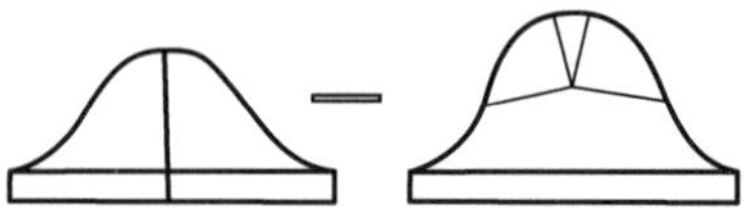

11. 下列不属于泡泡袖结构图的是(　　)。

A. 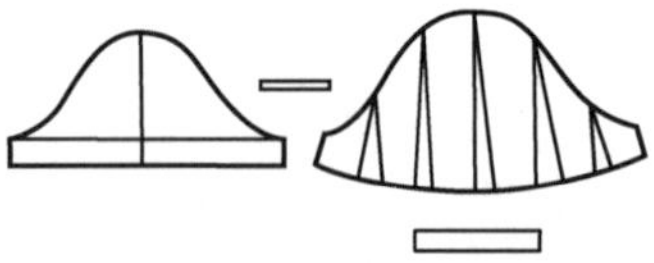

B. 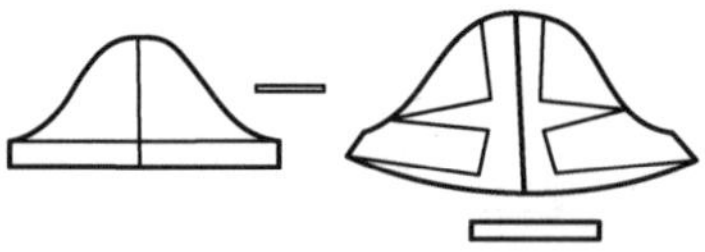

C. 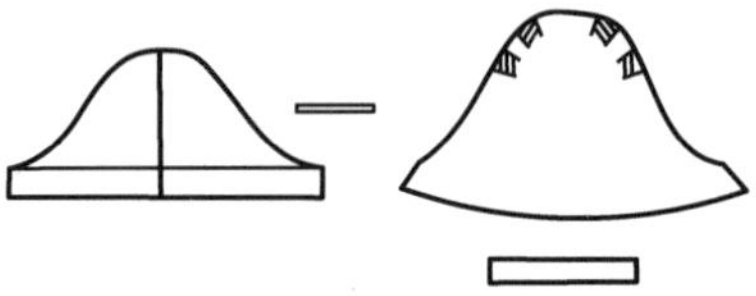

D. 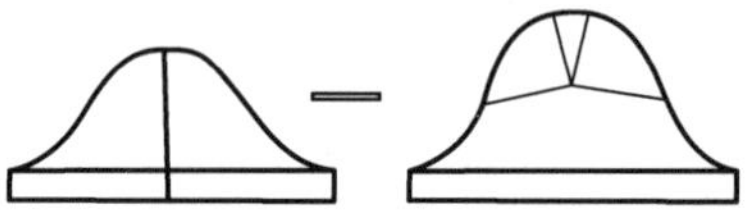

12. 袖原型的袖肥在上臂最大围尺寸的基础上必须加上(　　)cm。

A.1~2　　B.2~3　　C.3~4　　D.4~5

13. 袖片原型制图时必要的尺寸是(　　)和(　　)。

A. 袖山高,袖肥宽　　B. 袖山高,袖长

C. 袖肥宽,袖长　　D. 袖窿弧长,袖长

14. 与款式图  相对应的袖子前片结构制图是(　　)。

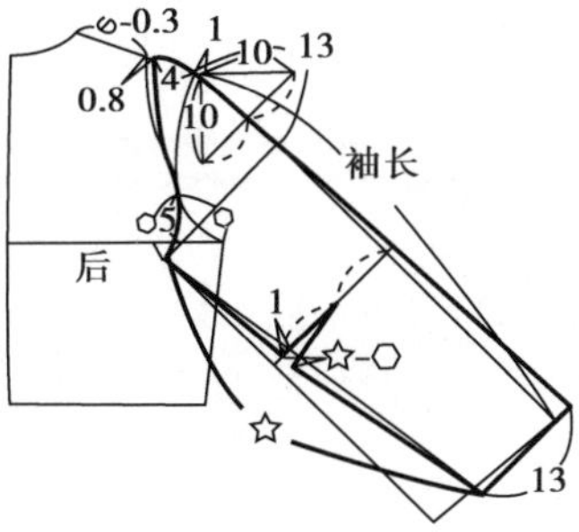

A.

B.

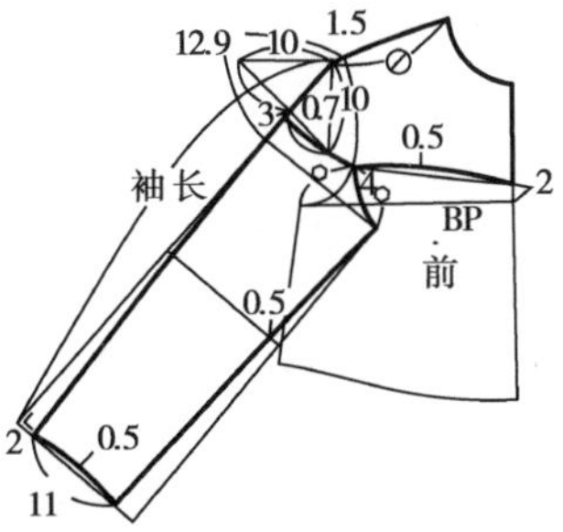

C.

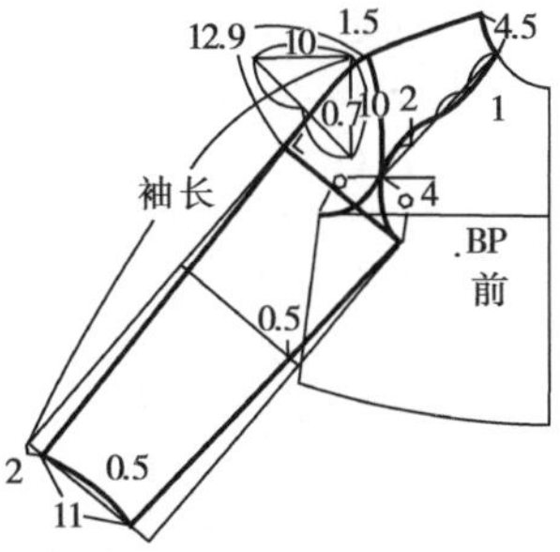

D.

15. 与款式图  相对应的结构制图是(　　)。

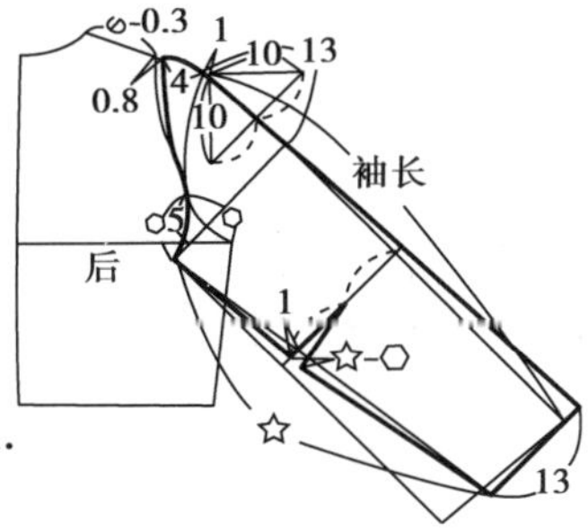

A.

B.

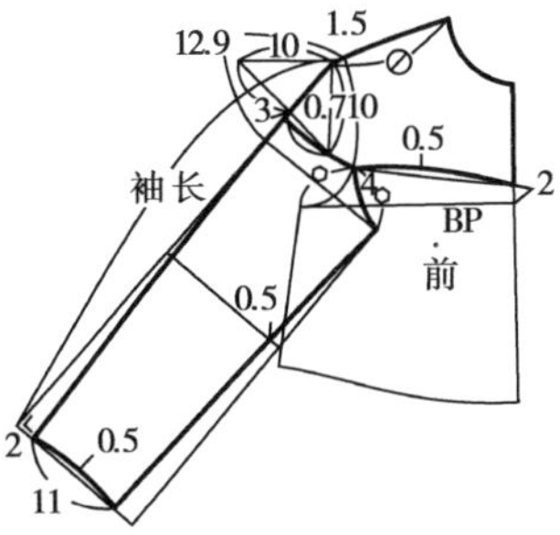

C.

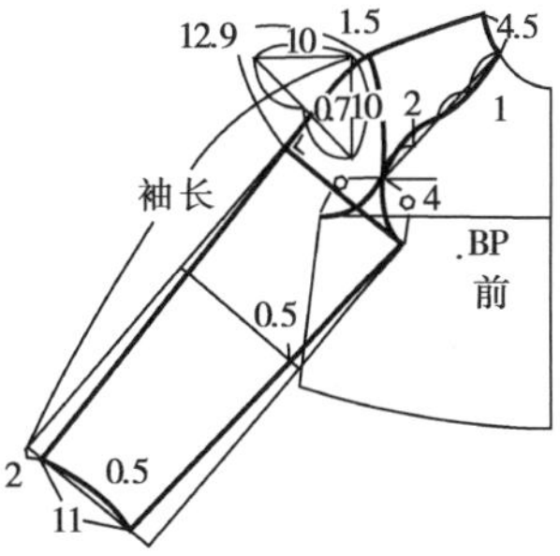

D.

16. 与款式图  相对应的袖名称是(　　)。

A. 插肩袖　　B. 半插肩袖　　C. 连肩袖　　D. 育克插肩袖

17. 与款式图  相对应的袖名称是(　　)。

A. 插肩袖　　B. 半插肩袖　　C. 连肩袖　　D. 育克插肩袖

18. 与款式图  相对应的袖名称是(　　)。

A. 插肩袖　　B. 半插肩袖　　C. 连肩袖　　D. 育克插肩袖

二、判断题

1. 绱袖角度越大，袖山越高，袖子越宽松；反之，绱袖角度越小，袖山越低，袖子越合体。(　　)

2. 短袖是有袖山高、袖肥和袖肘线的一种结构形式。(　　)

3. 插肩袖上的袖山线是按正常的袖窿弧线的位置与衣身配合，也可以沿着上臂延伸到衣身上，并且成为衣身的一部分。(　　)

4. 在进行衣袖设计时，袖山高是主要因素，通过它来找到袖肥，确定袖吃势。

(　　)

5. 腋下三角处有插角的连袖，插角的宽度量越大，活动量越大；反之，则越小。

(　　)

6. 决定袖山高的主要因素是手臂外侧长和手臂内侧长之和形成的上臂上部外侧长尺寸。（　　）

7. 衣袖可以分为长袖和无袖两种。（　　）

8. 短袖结构的主要因素有胸围的放松量、袖窿的深浅。（　　）

9. 育克插肩袖的特点是插肩袖与衣片连接的地方为肩部，这种袖子只是把肩部的一部分与袖子结合起来，是一种显肩窄的设计。（　　）

10. 半插肩袖是在衣身前后分别从肩到袖窿下方加入斜向分割线，使衣片肩部和袖子连成完整结构的袖型。（　　）

11. 月牙短袖是袖长最短的一种结构形式。（　　）

12. 根据计算公式袖原型的袖山高＝AH/4+2.5。（　　）

13. 为了使袖山饱满，需在袖山弧线增加一定的量，增加袖山的饱满度只能够通过增加袖山的高度达到。（　　）

14. 灯笼袖的袖型有不同的形式，有袖口收褶、袖山和袖口同时抽褶等形式。（　　）

15. 一片长袖通常可以分为贴体型、合体型、较为合体型和宽松型几种类型。（　　）

16. 袖肘量不是一个定值，在袖口宽一定的情况下，袖肘省随着袖肥的增大而减少，随着袖肥的减小而增大。（　　）

17. 绱袖角度是指上肢抬到一定程度，袖子上没有褶皱、腰线和袖口没有牵扯量时的角度。（　　）

18. 变形袖主要采取收褶、分割组合的手法，设计变化出多种袖型。（　　）

19. 圆装袖应适应上肢的结构和运动需要，宽松式的袖型较为多见。（　　）

20. 一片袖通常是指衣袖由一片袖片组成，也可以认为袖底有一条拼缝。（　　）

21. 在不同服装款式、结构造型设计中，无论衣袖款式、结构如何变化，都是在两片袖的基础上形成的。（　　）

22. 普通短袖如果是合体款式，一般袖长控制在16~18 cm，袖山高按AH/3计算。（　）

23. 圆装袖是合身型袖型，将前后袖片进行分割，并把袖肥与前、后袖口宽的差数在后袖缝处去除，构成袖肘的弯度，达到符合人体自然状态的要求。（　）

24. 一般插肩袖袖山线倾斜角度在45°左右。（　）

25. 在袖子结构设计中袖肘省的变化只能在袖肘线。（　）

26. 平袖的设计应适应上肢的结构和运动需要，合体型袖较为多见。（　）

27. 插肩袖在进行结构设计时，当衣身在原型袖窿的基础上，下落量大于3 cm时，袖山高的增加量会逐渐增多，这样更加便于运动。（　）

28. 两片袖的特点是袖肥大、袖山高，穿上身显得合体，手臂下垂时腋下无褶皱。（　）

29. 两片袖结构样板制图方法是两片袖重叠制图法和两片袖分开制图法。（　）

30. 两片袖主要在前后袖缝的借量、袖山弧度、袖山高、袖衩等方面进行变化。（　）

三、简答题

1. 根据袖名称画出所对应的款式图。

（1）泡泡袖　　　　（2）荷叶袖

（3）喇叭袖　　　　（4）圆装袖

(5)灯笼袖

(6)连袖

(7)平装袖(衬衣长袖)

(8)插肩袖

2.请写出在袖子结构设计时取袖肘省的作用。

3.影响服装结构设计衣袖纸样的因素有哪些?

任务七　衣领结构设计

一、单项选择题

1.(　　)是连驳头翻驳领。

A.燕子领　　B.衬衫领　　C.基本翻领　　D.翻驳领

2.有领型的衣领按造型结构可分为(　　)。

A.立领、一字领、翻驳领　　B.一字领、翻领、翻驳领

C.立领、一字领、翻领　　D.立领、翻领、翻驳领

3.(　　)是后领有领座,前领座沿翻折线自然变低或消失的领。

A.无领　　B.立领　　C.基本翻领　　D.翻驳领

4.(　　)是指领座很低(一般为1.2 cm以下),几乎是沿着前后领窝平翻在肩部的翻领。

A.基本翻领　　B.衬衫领　　C.平翻领　　D.翻驳领

5.翻领和驳领连接的线称为(　　)。

A.领嘴　　B.串口线　　C.驳点　　D.翻折线

6.(　　)是指领子从领窝线直立、环绕脖子的领型。

A.无领　　B.立领　　C.翻领　　D.翻驳领

7.(　　)是由翻领和驳领两部分组成的一类领型,翻领与衣片领口缝合,驳领由衣片的挂面翻出。

A.无领　　B.立领　　C.翻领　　D.翻驳领

8.领口领中的一字领,一字领是将领口横向开大,前领口按原型或在原型基础上提高,像船的形状,故称(　　)。

A.无领　　B.立领　　C.翻领　　D.船型领

9.下列领型中(　　)是连驳头领。

A.翻驳领　　B.立领　　C.翻领　　D.青果领

10.(　　)指后领部分为立领,前领部分为翻驳头的一种领型。

A.翻驳领　　B.连驳领　　C.立驳领　　D.青果领

11.立领的起翘量直接影响立领与脖子的紧密程度,下列关于起翘量与领上口弧线的关系说法正确的是(　　)。

A.起翘量越小,领上口弧线就越短,领上口弧线就远离脖子

B.起翘量越大,领上口弧线就越长,领上口弧线就远离脖子

C.起翘量越小,领上口弧线就越短,领上口弧线就离脖子近

D.起翘量越小,领上口弧线就越长,领上口弧线就远离脖子

12.在总领宽相同的情况下,领座低,后中线直上尺寸(　　),领外口线(　　),领外口弧线曲度大,外观平坦。

A.小,短　　B.大,长　　C.大,短　　D.小,长

13.下列(　　)属于立翻领的结构图。

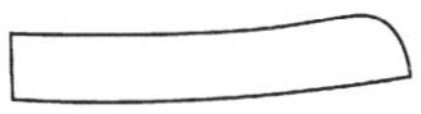
A.

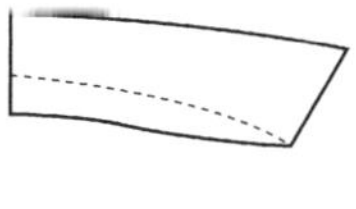
B.

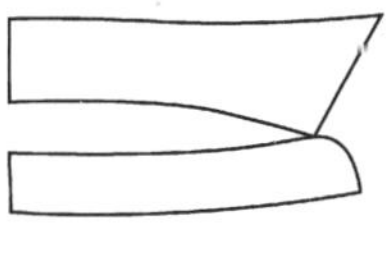
C.

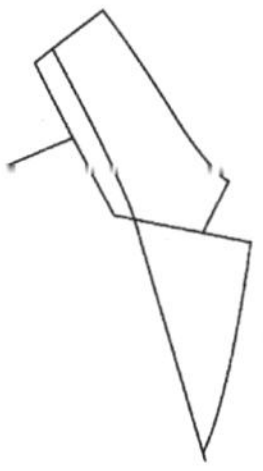
D.

14.(　　)属于基本翻领的结构图。

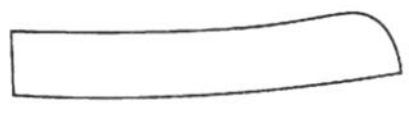
A.

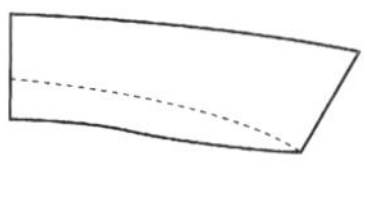
B.

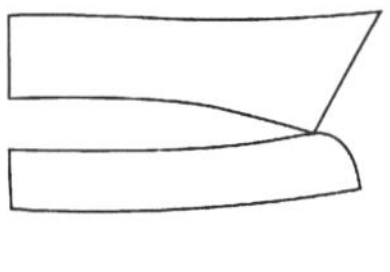
C.

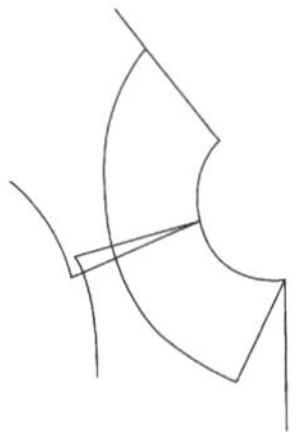
D.

15. 下列关于倒伏量的说法正确的是(　　)。

A. 立驳领中的倒伏量是为了使领下口的尺寸能符合脖子的造型而作展开后形成的

B. 立驳领结构设计中的倒伏量与一般的翻驳领的倒伏量的使用目的完全相同

C. 连驳头翻驳领的倒伏量可以适当增大一些

D. 翻驳领中翻领领面与领座大小比例增大，倒伏量缩小

16. 下列关于衣领的作用不正确的是(　　)。

A. 衣领是为人体的肩部和颈部形成自然过渡而设计的

B. 衣领的主要功能从最初的以保护人体的颈部为，演变为以装饰颈部为主、保护颈部为辅

C. 衣领从它的构成上被分为无领型结构和有领型结构

D. 一般衣领造型与人的脸型、体型无关

17.(　　)是指直接连在前后衣片领窝上做出的立领造型。

A. 连身立领　　B. 翻驳领　　C. 立驳领　　D. 连驳领

18. 与款式图  相对应的领子名称是(　　)。

A. 立驳领　　B. 青果领　　C. 翻领　　D. 连驳头翻驳领

19. 与款式图  相对应的领子名称是(　　)。

A. 立驳领　　B. 青果领　　C. 翻领　　D. 连驳头翻驳领

20. 与款式图相对应的领子名称是(　　)。

A. 立驳领　　B. 青果领　　C. 翻领　　D. 立领

21. 与款式图相对应的领子名称是(　　)。

A. 立驳领　　B. 青果领　　C. 翻领　　D. 连驳头翻驳领

22. 与结构制图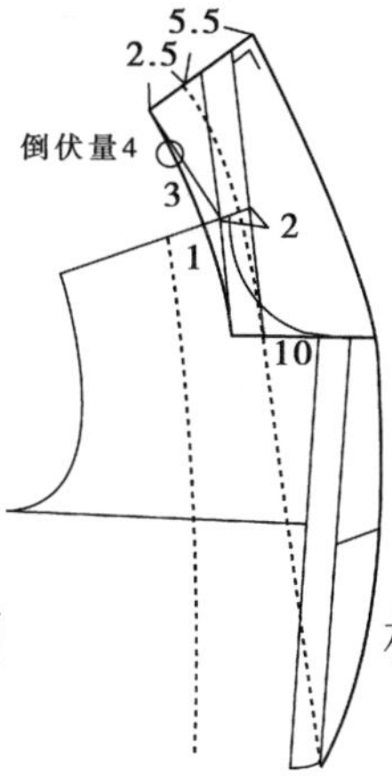

相对应的领子名称是(　　)。

A. 立驳领　　B. 青果领　　C. 翻领　　D. 连身立领

23. 与结构制图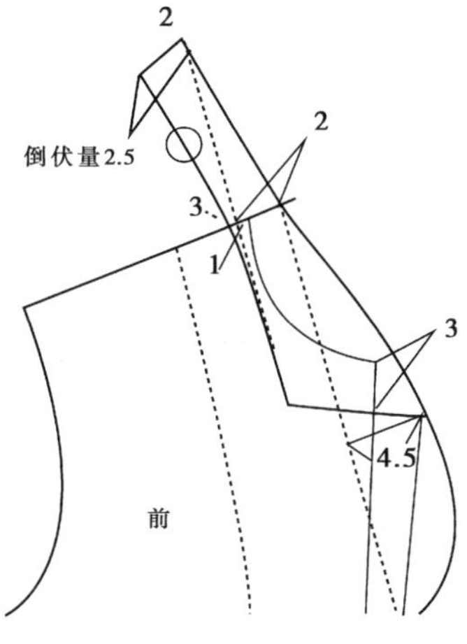

相对应的领子名称是(　　)。

A. 立驳领　　B. 青果领　　C. 翻领　　D. 连驳头翻驳领

24. 与款式图  相对应的领子名称是(　　)。

A. 立领　　B. 无领　　C. 翻驳领　　D. 立翻领

25. 基础领窝是指按基础领围求出领口弧线的长度，应大于基础领围(　　)。

A.2.5~3 cm　　B.2.5~3.5 cm　　C.2~2.5 cm　　D.2.2~2.8 cm

26. 下列关于无领型结构设计说法错误的是(　　)。

A. 无领型是指在衣片上不另加领片而直接在衣片领窝上进行领口造型的一类特殊领型

B. 无领型根据造型结构特点可以分为圆领、一字领、V字领、方领等

C. 领口领按造型分类只有平面造型

D. 领口领是最基本的领型

27. 下列关于有领型结构说法正确的是(　　)。

A. 按造型结构可以分为立领、翻领、无领

B. 按工艺结构要求可以分为连身领和分身领

C. 连身领是指领与衣身分开或局部分开的领型

D. 分身领是指领子与衣身相连裁剪的领型

二、判断题

1. 衣领是吸引人们视线最集中的部位。(　　)

2. 颈围是指人体颈根部围量一周所得到的尺寸，测量时从人体第七颈椎点至颈部喉结下2 cm处，用软尺围量一周得到。(　　)

3. 人体颈部为上细下粗近似圆台形状，颈部后长是6~7 cm，颈部前长是4~5 cm，女性颈部前倾角度约为19°。(　　)

4. 衣领从它的构成上被分为两类，即无领型结构和有领型结构。(　　)

5. 翻领角和驳领角相交所形成的角称为领角。（　　）

6. 立领是所有领子造型中最为基础的领子，最熟悉的是旗袍领。（　　）

7. 衬衫领的特点是底领的领下口弧线上翘，领面翻贴在底领上，要求领面和底领的结构恰好相反。（　　）

8. 有领型的衣领是指既有领窝弧线又有领片的领型。（　　）

9. 根据衬衫领造型要求，底领上翘曲度和领面下弯曲度应该相等。（　　）

10. 连驳头翻驳领是指领子与驳头相连成为整片结构的领型，其特点是翻领领面与驳领领面没有接缝线。（　　）

11. 沿颈根部呈圆形的领口弧线叫一字领。（　　）

12. 在立领结构制图中，立领的领头起翘量直接影响立领与脖子的紧密程度。

（　　）

13. 一般情况下，领座的高低是影响直上尺寸和领外口曲线的关键因素，也是影响领子不同外形的原因之一。（　　）

14. 衬衫领是立领做底领，翻领做领面，组合而成的领子。（　　）

15. 平翻领在进行结构设计时，前后片肩线需要重合，但荷叶领和披肩领可以不用重叠。（　　）

16. 所有的翻领均有领座。（　　）

17. 在翻驳领的结构设计中，确定领子的倒伏量是制图的关键，领子倒伏量越大，领上口弧线就越长。（　　）

18. 驳领止点越高，后领形成的倒伏量减小；驳领止点越低，后领形成的倒伏量增大。（　　）

19. 翻领领面与领座大小比例增大，倒伏量增大。（　　）

20. 立领的起翘量达到 3 cm 左右时，需要在原型基础上把横开领开小 0.3 cm。

（　　）

三、简答题

1.写出领子各部位线及领子的名称。

(1)立领

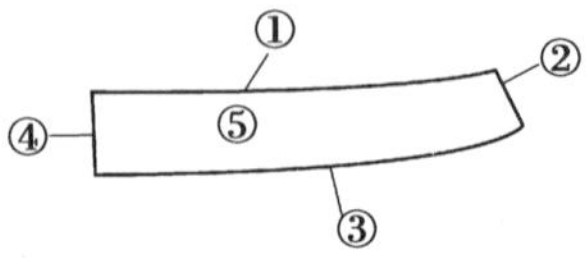

①__________,②__________,③__________,④__________,⑤__________。

(2)基本翻领

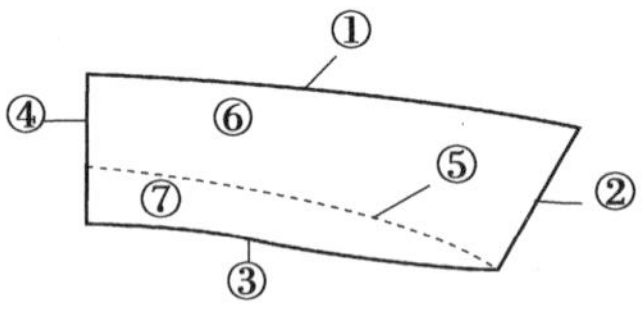

①__________,②__________,③__________,④__________,⑤__________,

⑥__________,⑦__________。

(3)立翻领

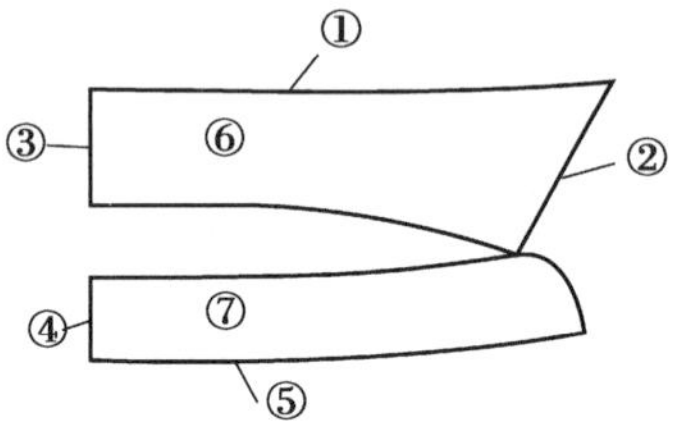

①__________,②__________,③__________,④__________,⑤__________,

⑥__________,⑦__________。

(4)翻驳领

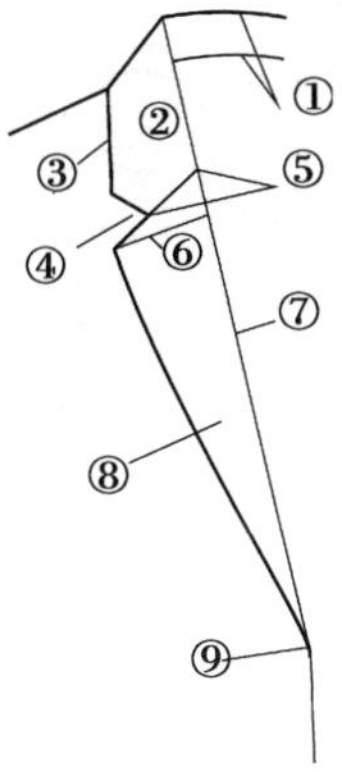

①_________,②_________,③_________,④_________,⑤_________,

⑥_________,⑦_________,⑧_________,⑨_________。

任务八　下装结构设计

一、单项选择题

1. 直裙裙长测量是在腰围最细处向上（　　）cm，向下量至所需的长度。

A.0~1　　B.2~3　　C.3~4　　D.4~6

2. 直裙 A 字裙腰围的测量与加放是在腰围最细处围量一周，加放（　　）cm。

A.0~1　　B.1~2　　C.3~4　　D.4~6

3. 直裙臀围测量与加放是在臀围最丰满处围量一周，加放（　　）cm。

A.0~1　　B.1~2　　C.3~4　　D.4~6

4. 直裙 A 字裙的前腰围大公式是（　　）。

A.W　　B.W/2　　C.W/4　　D.W/8

5. 下列裙子中，（　　）可采用斜纱裁剪。

A. 喇叭裙　　B. 一步裙　　C. 西服裙　　D. 直筒裙

6. 直裙后中心线低落（　　）cm。

A.0.5　　B.1　　C.1.5　　D.2

7. 直裙后开衩由臀高线量下（　　）cm，离腰口应保持（　　）cm 左右。

A.15，30　　B.23，40　　C.40，23　　D.30，15

8. 直裙腰口省数量的分布是当（H-W）/4 小于等于 6 cm 时，收（　　）个省。

A.0　　B.1　　C.2　　D.3

9. 女西裤的臀高线是取上裆（　　）处，与上平线平行。

A.1/2　　B.1/3　　C.1/4　　D.1/5

10. 女西裤中裆线是按臀围线至下平线（　　）处抬高（　　）cm。

A.1/2，4　　B.1/3，3　　C.1/2，2　　D.1/5，3

11. 女西裤前腰围大公式是（　　）。

A.W/4−1+省　　B.W/2+1+省　　C.W/4+1+省　　D.W/4+省

12. 女西裤后臀围大公式是(　　)。

A.H/4　　B.H/4-1　　C.H/4+1　　D.H/8

13. 女西裤后裆宽是以后裆斜线和裆深线的交点为起点,向外量(　　)。

A.0.1H　　B.0.2H　　C.0.01H　　D.0.04H

14. 男西裤的结构制图除了需要裤长、腰围、臀围、脚口(裤口)、腰宽,还需要(　　)。

A. 肩宽　　B. 胸围线　　C. 衣长线　　D. 裆深

15. 一条成品西裤的中裆大 22 cm,脚口大 25 cm,这条西裤的外形是(　　)。

A. 锥形裤　　B. 喇叭裤　　C. 直筒裤　　D. 小脚裤

二、判断题

1.A 字裙裙摆放量越大,起翘越高,侧缝线与底边线不垂直。(　　)

2. 下装收省量的大小及侧缝的劈势由臀腰差决定。(　　)

3. 直裙 A 字裙的臀高线是上平线量下 0.1 号+1 cm。(　　)

4. 直裙的前省长大于后省长。(　　)

5. 由于臀腰差的存在,直裙后腰口要起翘,前腰口低落。(　　)

6. 直裙省的长度与省量大小无关。(　　)

7. 直裙省量大小要结合面料和造型要求调节长短。(　　)

8.A 字裙裙摆偏斜度大于直裙小于斜裙。(　　)

9.A 字裙下摆在臀围线下 10 cm 处劈出 1 cm 所形成的侧缝不能满足人体的行走活动。(　　)

10. 裤子泛指穿在人体腰部以下的服装,一般由一个裤腰、一个裤裆、两条裤腿组成。(　　)

11. 裤子款式只有长度、腰线高低和褶裥等区分。(　　)

12. 由于人体结构的影响,裤子前裆宽大于后裆宽。(　　)

13. 裙腰侧缝有劈势,所以腰口需要起翘。(　　)

14. 一步裙的开衩位置只在裙子的侧缝部位。(　　)

15. 所有的西裤前片都是两个褶裥,后片都是两个省。(　　)

16. 西裤的中裆线不一定是人体的膝围线,但中裆线一定是在膝围线附近。(　　)

17. 西裤前后片侧缝线附近的省较长较大,是由于臀部的突起。(　　)

18. 直裙的结构制图除了需要裙长、臀围、腰宽,还需要裙口大。(　　)

三、简答题

1.写出图中所对应的直身裙结构线序号的中文名称或者该部位的长度表示。

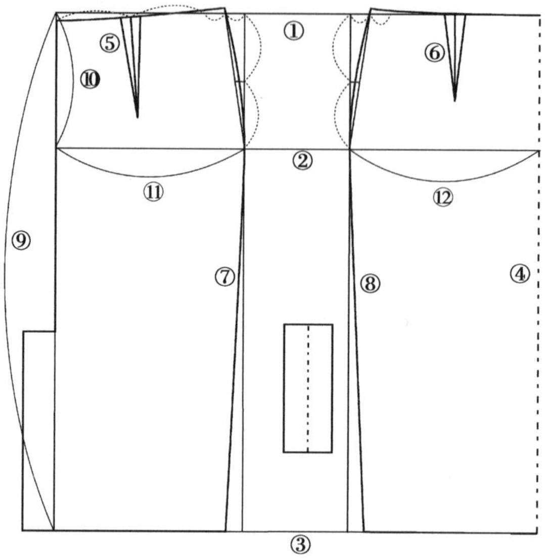

①__________,②__________,③__________,④__________,⑤__________,

⑥__________,⑦__________,⑧__________,⑨__________,⑩__________,

⑪__________,⑫__________。

2.写出图中序号所对应的女西裤结构线的中文名称。

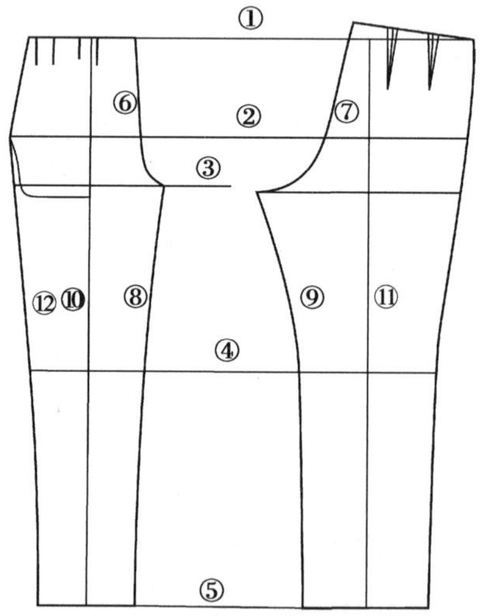

①__________,②__________,③__________,④__________,⑤__________,

⑥__________,⑦__________,⑧__________,⑨__________,⑩__________,

⑪__________,⑫__________。

3.写出下图女西裤对应的裁片的中文名称。

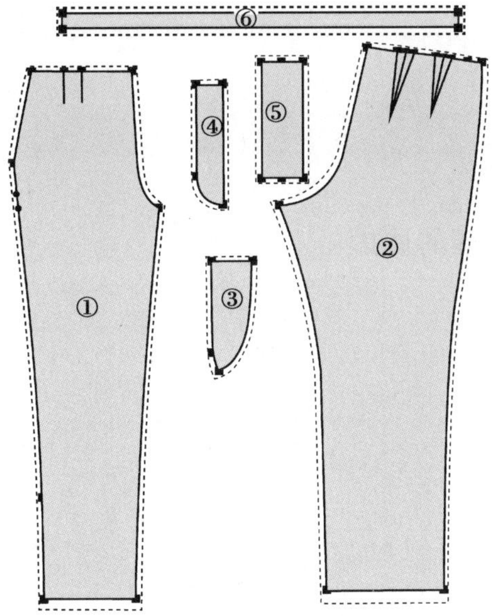

①__________,②__________,③__________,④__________,⑤__________,

⑥__________。

4.写出下图直身裙对应的裁片的中文名称。

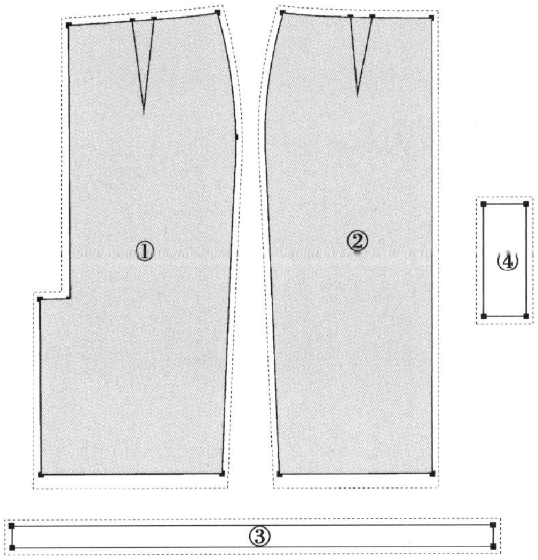

①__________,②__________,③__________,④__________。

5. 简述直裙侧缝处起翘的原因。

6. 简述直裙后腰中线低落的原因。

7. 简述后裆缝斜度的确定及后裆缝斜度与后翘的关系。

8. 简述西裤裥、省与臀围差的关系。

9. 简述西裤后片裆缝低落数值是如何确定的。

10.请写出直裙测量与加放要点并在表格中填写设计规格。

(1)裙长________________________。

(2)腰围________________________。

(3)臀围________________________。

单位：cm

号/型	部位	裙长	腰围	臀围	腰宽
160/70B	规格	65	70+(　　)	90+(　　)	3

11.请写出女西裤测量要点并在表格中填写设计规格。

(1)腰围的放松量。

(2)臀围的放松量。

单位：cm

号/型	部位	裙长	腰围	臀围	腰宽
160/70B	规格	65	70+(　　)	90+(　　)	3

任务九　连衣裙、上装结构设计

一、单项选择题

1. 女大衣的领型可以采用(　　)。

A. 翻领　　B. 立领

C. 翻驳领、领口领　　D. 以上答案都正确

2. 下列关于西服胸围放松量说法错误的是(　　)。

A. 夏季套装无袖不少于3~4 cm　　B. 短袖不少于6 cm，长袖不少于8 cm

C. 春秋西装12~16 cm　　D. 冬季西装不少于20 cm

3. 下列关于女大衣放松量说法错误的是(　　)。

A. 贴体型大衣放松量为10 cm　　B. 合体型大衣放松量为14~18 cm

C. 较宽松大衣放松量为22~24 cm　　D. 宽松型大衣放松量为30 cm以上

4. 下列关于连衣裙说法错误的是(　　)。

A. 按造型可以分为X型、H型、A字型等

B. 按照松量可以分为紧身型、合身型、宽松型等

C. 按腰位高低可以分为基本腰型、高腰型、低腰型等

D. 按造型可以分为收腰型、直腰型、筒型

5. 下列关于连衣裙胸围放松量说法不正确的是(　　)。

A. 无肩连衣裙的胸围放松量为0~4 cm

B. 无袖连衣裙的胸围放松量为4~6 cm

C. 短袖或长袖连衣裙胸围放松量为8~10 cm

D.无肩连衣裙的胸围放松量为0~2 cm

6.对女衬衫造型的变化下列说法正确的是(　　)。

A.女衬衫造型主要有X型、H型、Y型

B.女衬衫门襟变化只有单排扣、双排扣

C.女衬衫的衣领只采用衬衫领、立领、翻驳领

D.女衬衫衣袖主要采用一片袖,较少使用两片袖

7.下列说法正确的是(　　)。

A.西装分为紧身、合体和宽松型三种

B.衬衫的领子没有翻驳领

C.西装的衣长常取胸围线下10~40 cm

D.连衣裙短袖胸围放松量是8~10 cm

8.下列说法正确的是(　　)。

A.衬衫的衣长在腰围线以下8~20 cm

B.大衣的衣长在腰围线以下20~80 cm

C.西装衣长在腰围线以下10~30 cm

D.连衣裙的裙长在胸围线以下40~60 cm

二、判断题

1.衬衫、大衣、西装的门襟都可以是单排扣、双排扣、斜门襟、暗门襟。(　　)

2.合体X型大衣通过省道或剖缝收腰,是为了体现胸、腰、臀三围尺寸。(　　)

3.女衬衫的常见的胸围放松量为6~16 cm。(　　)

4.西服的口袋只能采用双开线袋盖。(　　)

5.大衣的衣袖只能用两片合体袖。(　　)

6.大衣的造型变化多,而它的基本变化包括大衣衣长和大衣轮廓两个方面。(　　)

7.女衬衫较少使用口袋,如有口袋,一定是明贴袋。(　　)

8.连衣裙是指女装中把上衣和裙子连接在一起形成的服装类别。(　　)

9.女衬衣采用衬衫领、立领、翻领、领口领的领型较多。(　　)

10.A型连衣裙由于下摆较大,常在原型基础上由上往下进行切展。(　　)

三、简答题

1.请写出连衣裙中数字对应的结构线的中文名称。

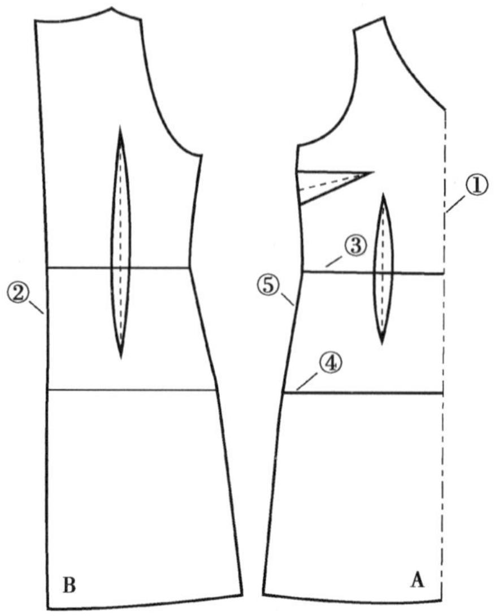

①__________，②__________，③__________，④__________，⑤__________。

2. 下图为女衬衣结构制图，根据阿拉伯数字1~15编号，请写出其对应的服装结构线名称。

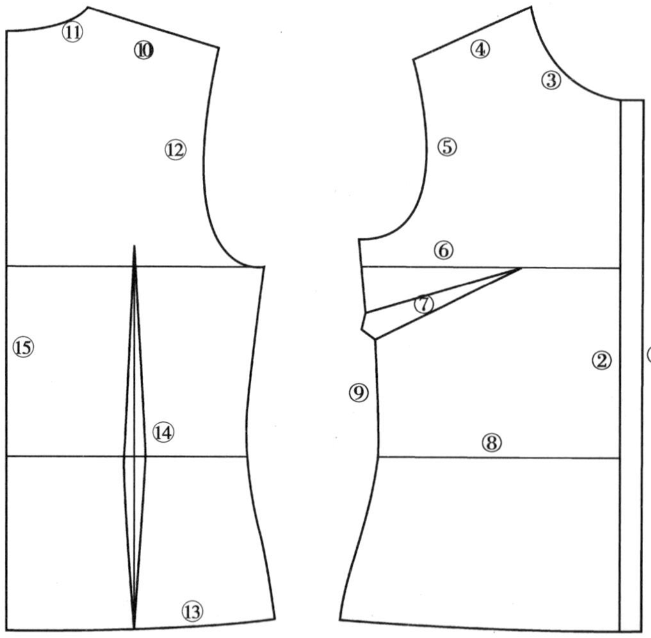

①__________，②__________，③__________，④__________，⑤__________，
⑥__________，⑦__________，⑧__________，⑨__________，⑩__________，
⑪__________，⑫__________，⑬__________，⑭__________，⑮__________。

3. 写出女衬衣对应裁片的中文名称。

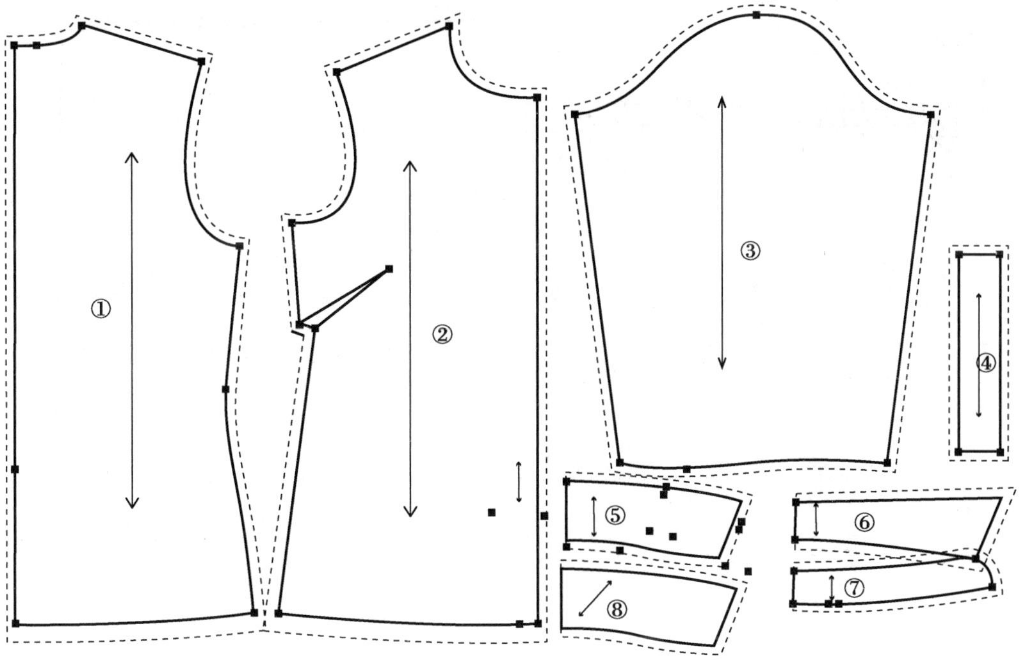

①__________，②__________，③__________，④__________，⑤__________，
⑥__________，⑦__________，⑧__________。

4. 国内某女装品牌连衣裙上标识有160/84A的字样，其中A表示什么？连衣裙按放松量可以分为哪几类？无袖连衣裙的胸围放松量是多少？

5.写出女西服对应裁片的中文名称。

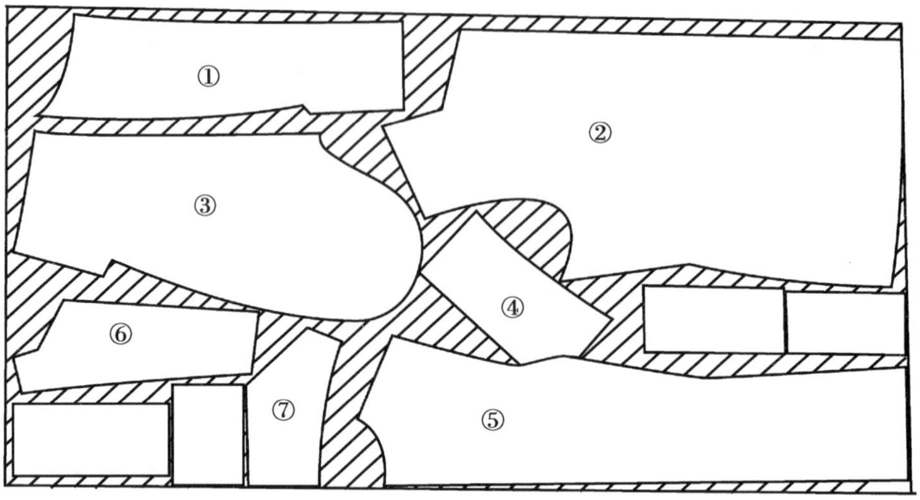

①__________,②__________,③__________,④__________,⑤__________,
⑥__________,⑦__________。

6.下图为女西服结构图,写出图中数字对应的结构线的中文名称。

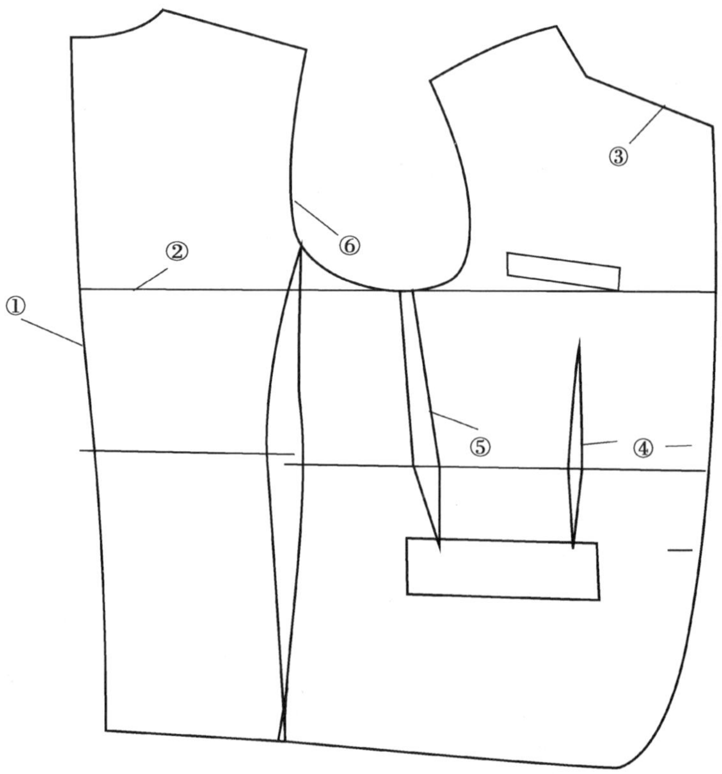

①__________,②__________,③__________,④__________,
⑤__________,⑥__________。

7. 连衣裙可按造型、松量、腰围高低进行分类，请对以上类型作进一步的细分。下图中连衣裙按松量分属于哪一类，胸围放松量的范围是多少？

专业模拟测试

模拟测试一

（满分78分，考试时间40分钟）

一、单项选择题(共9小题,每小题4分,共计36分)

1. 服装结构制图中,表示袖口的英文缩写是(　　)。

A.AH　　B.CF　　C.SB　　D.CR

2. 服装结构样板设计中,表示拼合符号的是(　　)。

A.

B.

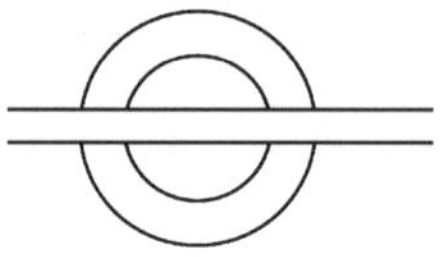
C.

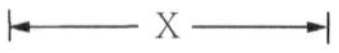

D.

3. 款式图  所对应的前片结构图是(　　)。

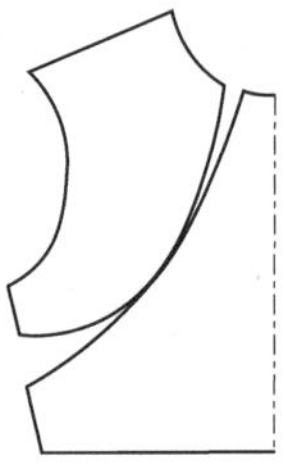
A.

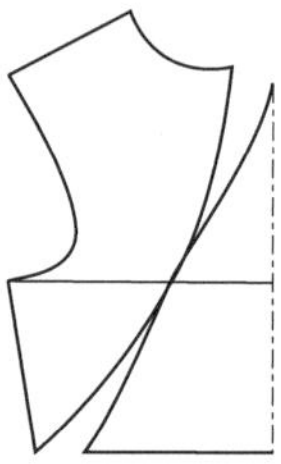
B.

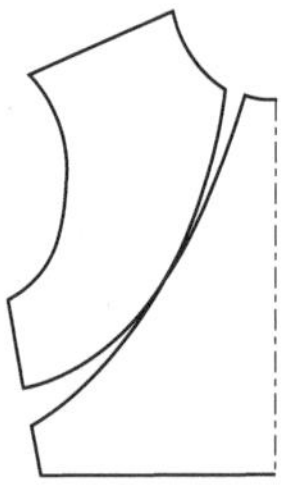
C.

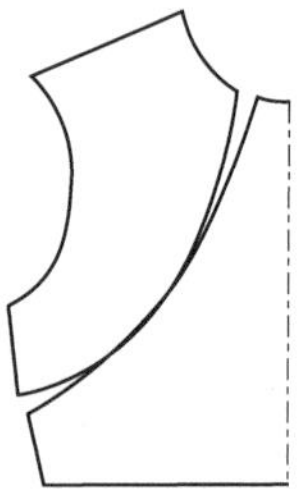
D.

4. 款式图 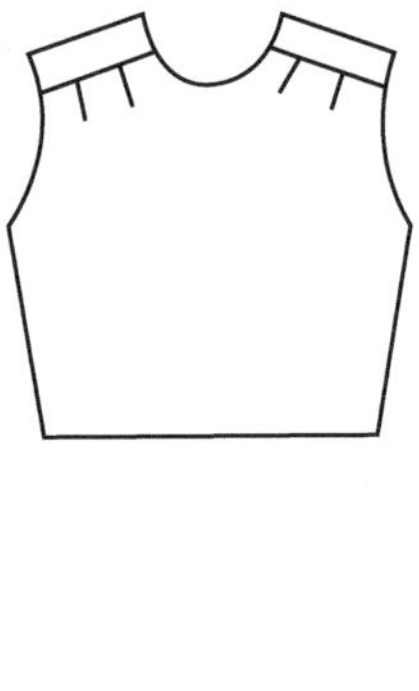 所对应的前片结构图是(　　)。

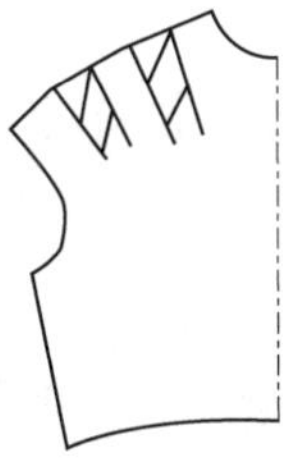
A.
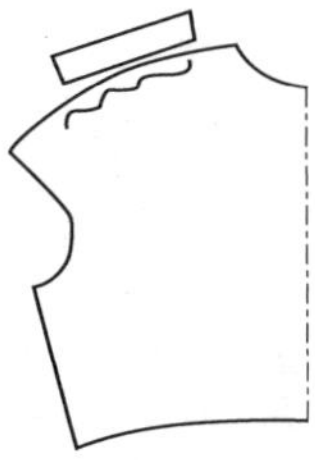
B.

C.
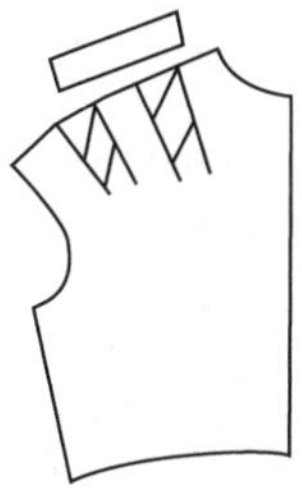
D.

5.下列不属于泡泡袖结构图的是(　　)。

A. 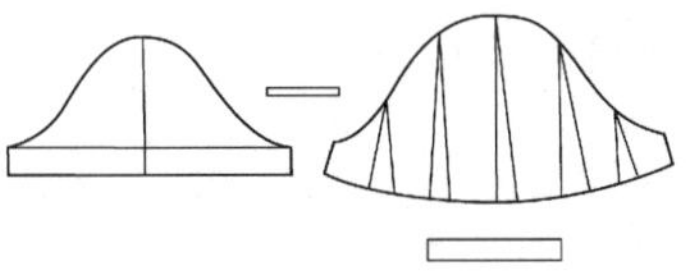

B. 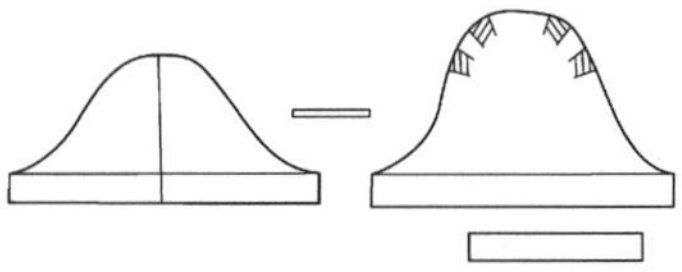

C. 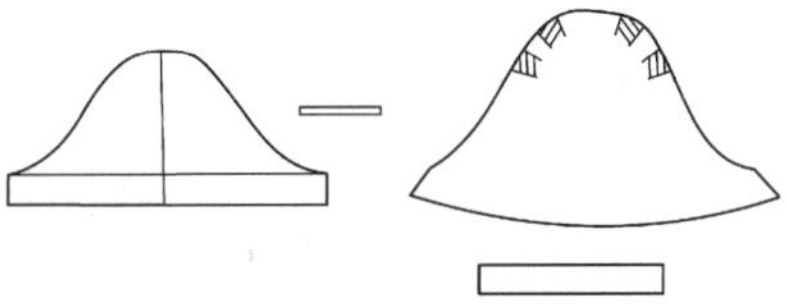

D. 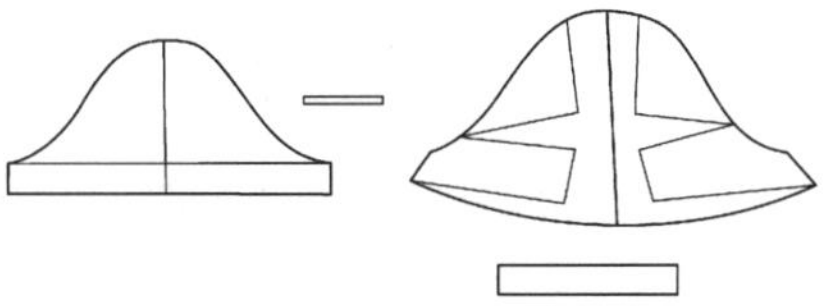

6.与款式图相对应的领子名称是(　　)。

A.立驳领　　B.青果领　　C.翻领　　D.连驳头翻驳领

7.绘制衬衣结构图时,前后袖窿弧线的长度分别为 21.5 cm 和 20.5 cm,以下袖山高设计合理的是(　　)。

A.17 cm　　B.15.5 cm　　C.14 cm　　D.12.5 cm

8.某成衣品牌的消费群体为20~25岁的青年女性,该品牌2022年夏季将开发一款合体短袖连衣裙,拟采用无弹性薄型面料制作,其胸围放松量设计合理的是(　　)。

A.1~2 cm　　B.0~2 cm　　C.4~6 cm　　D.8~10 cm以上

9.用非弹性面料制作女半身直裙时,腰围放松量设计合理的是(　　)。

A.1~2 cm　　B.5~6 cm　　C.7~8 cm　　D.9~10 cm

二、判断题(共6小题,每小题2分,共计12分)

10.立体裁剪是服装结构制图中广泛使用的一种方法,它以测量的尺寸为依据,通过一定的制图原则绘制服装结构图。 ( )

11.服装结构制图中,表示腰围线的英文缩写是W。 ( )

12.辅助线是用于图样结构的基础线,线的宽度为轮廓线的一半。 ( )

13.在总领宽相同的情况下,领座低,后中线直上尺寸小,领外口线段短,领外口弧线曲线大,领子穿着后外观反而平坦。 ( )

14.当衣身结构一样时,袖山越低,袖肥越大,袖子活动功能越强。 ( )

15.半身直裙收腰省的目的是在满足臀部规格后,将腰部多余部分收去,使腰部合体。 ( )

三、简答题(共2小题,每小题15分,共计30分)

16.请根据我国服装号型标准中的体型划分依据和以下给定数据,完成下题。

(1)甲女身高160 cm,胸围85 cm,体型分类为A,腰围范围是( )。

(2)乙女身高165 cm,腰围75 cm,体型分类为C,胸围范围是( )。

(3)丙女身高170 cm,胸围92 cm,腰围70 cm,体型分类属于( )。

(4)丁女身高155 cm,胸围82cm,体型分类为Y,腰围范围是( )。

(5)戊女身高165 cm,胸围88 cm,腰围76 cm,体型分类属于( )。

17. 名词解释。

(1)绱袖角度

(2)毛样

(3)过肩

(4)劈势

(5)叠门

模拟测试二

（满分78分，考试时间40分钟）

一、单项选择题(共9小题,每小题4分,共计36分)

1.服装结构样板工艺中,符号所表示的名称是(　　)。

A.等分　　B.等量　　C.等长　　D.直角

2.服装结构制图中,表示胸围线的英文缩写是(　　)。

A.B　　B.BL　　C.BP　　D.W

3.款式图所对应的结构图是(　　)。

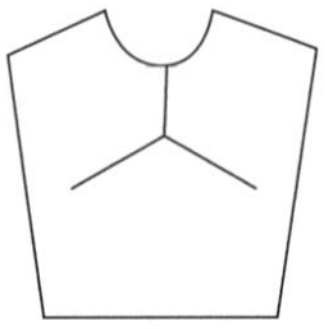

A.

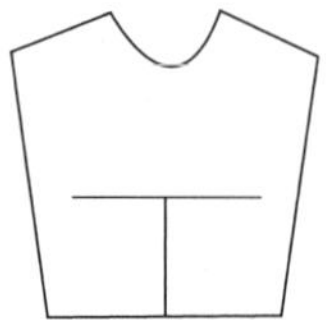

B.

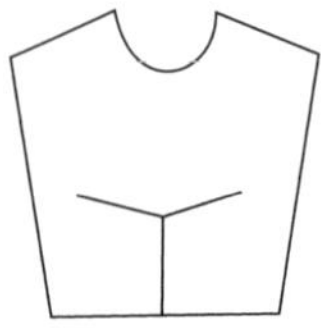

C.

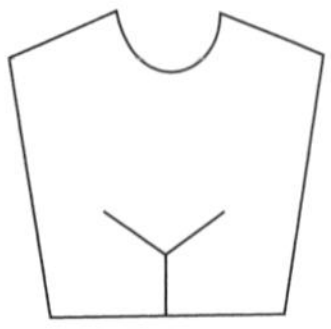

D.

4.结构图所对应的款式图是(　　)。

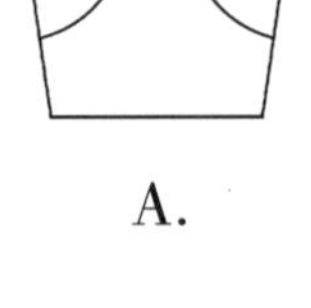

A.

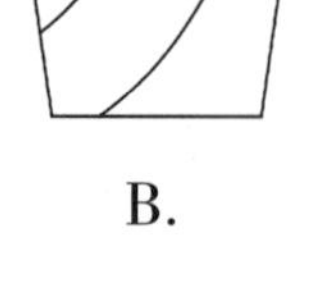

B.

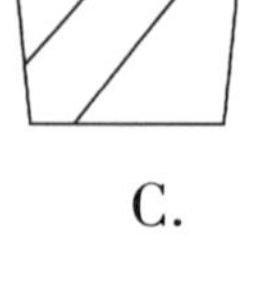

C.

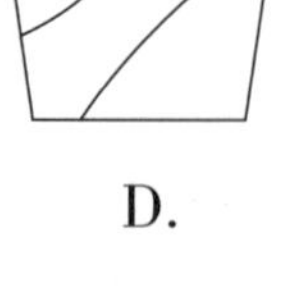

D.

5.款式图  的袖型所对应的结构图是(　　)。

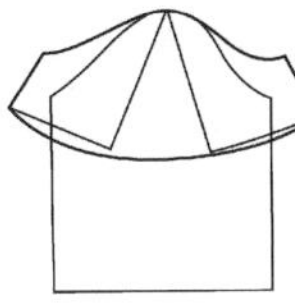
A.

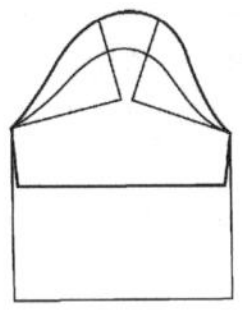
B.

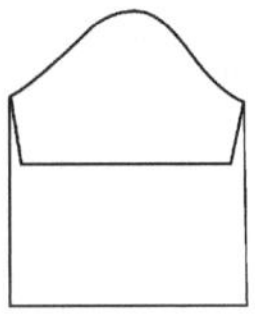
C.

D.

6.结构图  所对应的领型叫(　　)。

A.立领　　B.翻驳领　　C.翻立领　　D.平翻领

7.用非弹性面料制作合体女西裤时,臀围放松量设计合理的是(　　)。

A.0 ~ 1 cm　　B.2 ~ 3 cm　　C.7 ~ 10 cm　　D.19 ~ 20 cm

8.下列关于西服胸围放松量说法错误的是(　　)。

A.夏季套装无袖不少于3~4 cm　　B.短袖不少于6 cm,长袖不少于8 cm

C.春秋西装12~16 cm　　D.冬季西装不少于20 cm

9.制作女性直裙时,需要测量的部位尺寸是(　　)。

A.胸围　　B.后腰节长　　C.前腰节长　　D.臀围

二、判断题(共6小题,每小题2分,共计12分)

10.中国服装号型标准中,体型分类代号B表示胸围与腰围的差数为14 ~ 18 cm。(　　)

11.女衬衣袖结构制图时袖山越高越方便运动。(　　)

12.服装结构的平面表现形式是服装制图(也叫服装样板或纸样)。(　　)

13.平领也称为摊领、披肩领,领座的高度在1 cm以上。(　　)

14.等分符号是表示两线段长度相等。(　　)

15.在衣身结构设计中,省道的外形可以从直线形变化为曲线形、折线形,省尖点不能偏离胸高点。(　　)

三、简答题(共2小题,每小题15分,共计30分)

16. 简述用软尺(皮尺)测量人体胸围、颈根围、头围、臂根围、臂围的方法。

17. 上装标准体是160/84A,下装标准体是160/68A,请用5.4系列编写上装和用5.2系列编写下装,身高从150~170 cm。

模拟测试三

（满分78分，考试时间40分钟）

一、单项选择题(共9小题,每小题4分,共计36分)

1.符号→表示的是(　　)。

A.布纹方向　　B.斜纱　　C.剪开　　D.倒顺毛

2.结构图 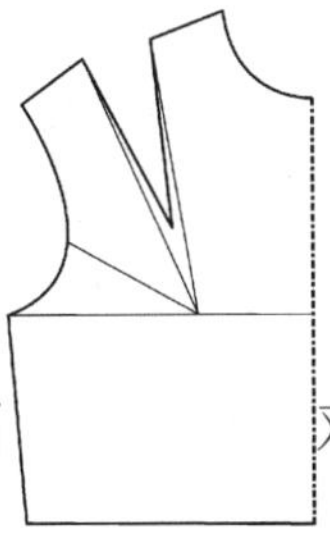 对应的款式图是(　　)。

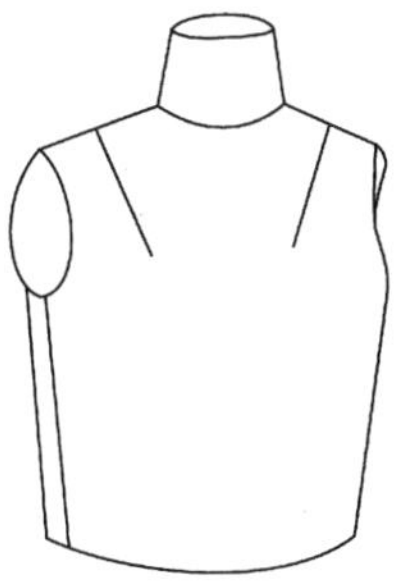

A.

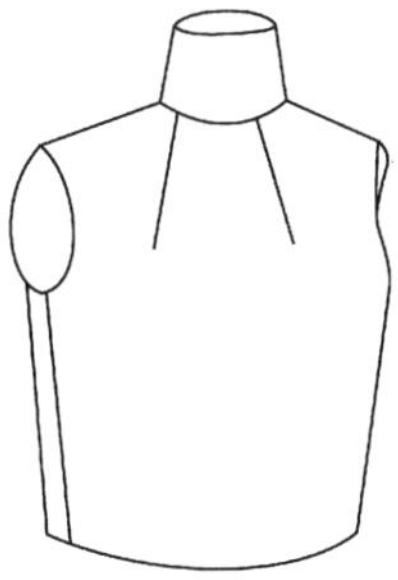

B.

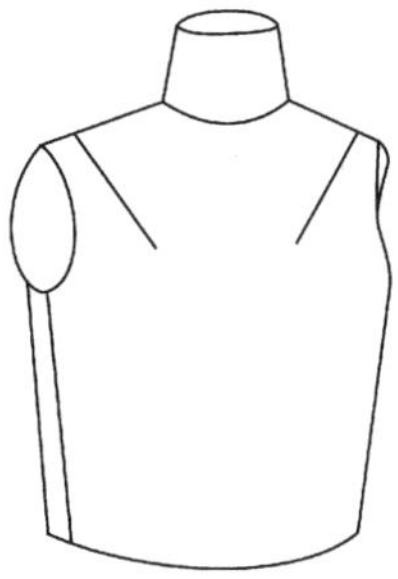

C.

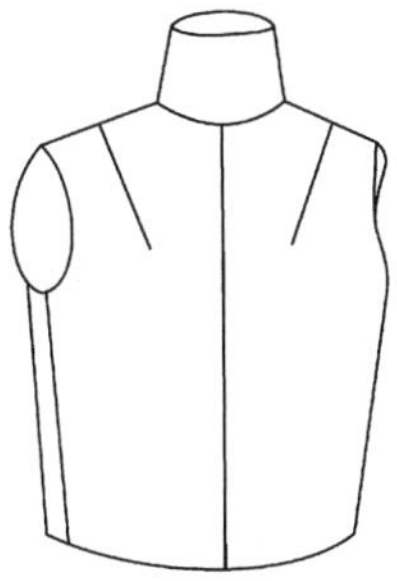

D.

3.款式图  对应的结构图是(　　)。

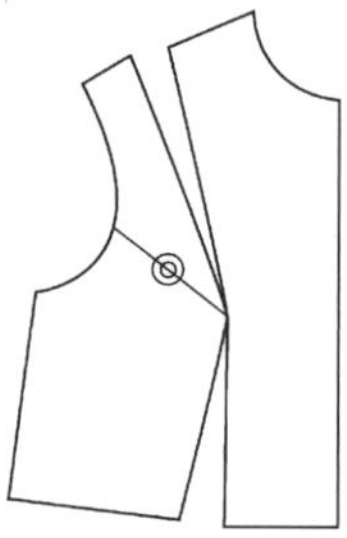
A.

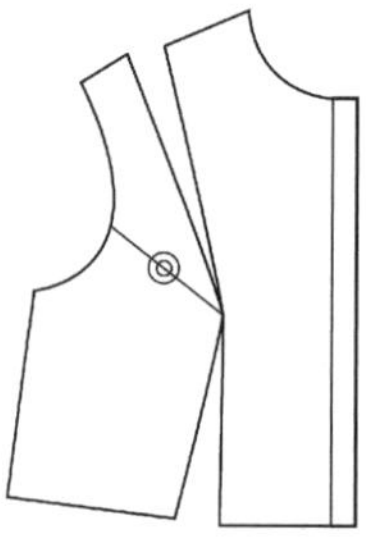
B.

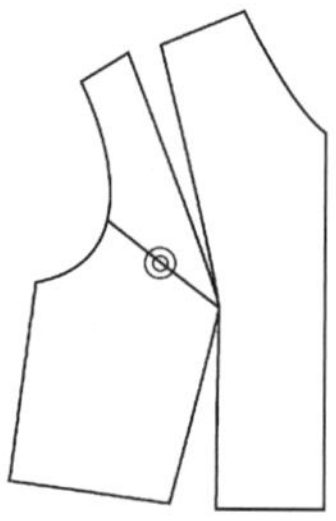
C.

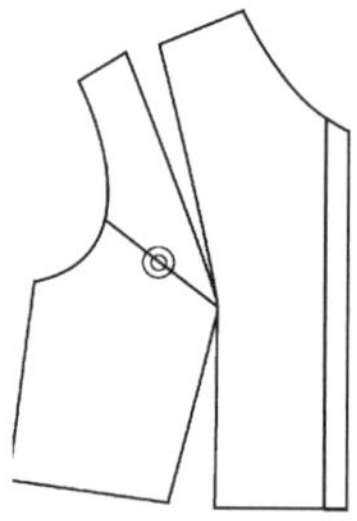
D.

4.立领是竖直状围住颈部的领子,它按造型分类不包括以下的(　　)。

A.直立式　　B.后倾式　　C.外倾式　　D.内倾式

5.结构图 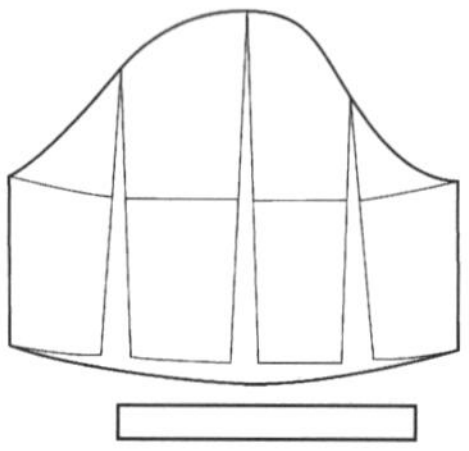 对应的袖子是(　　)。

A.灯笼袖　　B.泡泡袖　　C.喇叭袖　　D.荷叶袖

6.某服装厂接到一批订单,某公司需要采购一批紧身旗袍,面料为仿真丝面料,样板师设计胸围放松量,下列合理的是(　　)。

A.−4~0 cm　　B.2~6 cm　　C.10~14 cm　　D.16~20 cm

7.在某品牌专卖店里,一位女士在选择一件宽松型落肩袖大衣,她的尺寸为:身高163 cm,胸围96 cm,腰围84 cm,如果你是售货员,应为她推荐(　　)型号的大衣。

A.160/84A　　B.165/88A　　C.170/92A　　D.175/96A

8.(　　)纱向拟采用斜纱方向。

A.直裙　　B.A字裙　　C.西服裙　　D.喇叭裙

9.裙裤结构制图时,不需要用到(　　)这个尺寸。

A.H　　B.W　　C.CR　　D.SL

二、**判断题**(共6小题,每小题2分,共计12分)

10.插肩袖在结构上不能满足人体手臂前倾的形态。 (　　)

11.连底领翻领的领脚高大于2 cm,且翻领宽大于领脚高。 (　　)

12.虚线、点画线和双点画线的线段长短和间隔应各自相同,首尾两端可以是线段或点。 (　　)

13.胸省在领口款式变化中,主要是把胸省和腰省部分或者全部转移到领口中,在领口形成省、分割线、碎褶等形式。 (　　)

14.袖口的代号是CF。 (　　)

15.题15图为直裙结构制图的局部,其中b = a - W/4。 (　　)

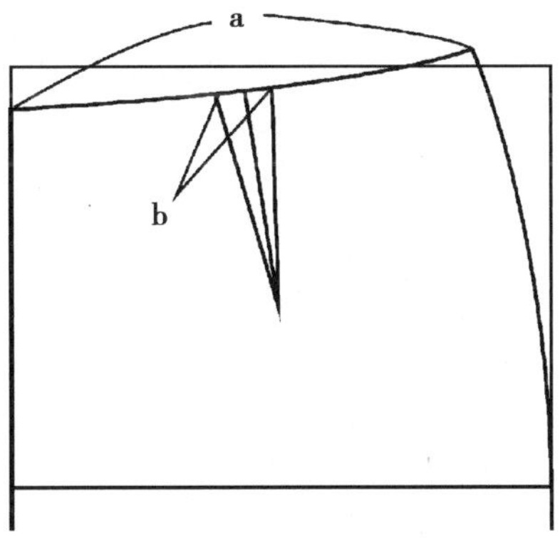

题15图

三、**简答题**(共2小题,每小题15分,共计30分)

16.在翻领结构设计中,一般领座的高低是影响直上尺寸、领外口曲线和领子形态的关键因素,请简述领座高低和直上尺寸、领外口曲线、领子形态之间的关系。

17.题17图是一款女士春秋衫的排料图，图中数字代表的是大衣的裁片，请写出任意5个数字所对应的裁片名称。

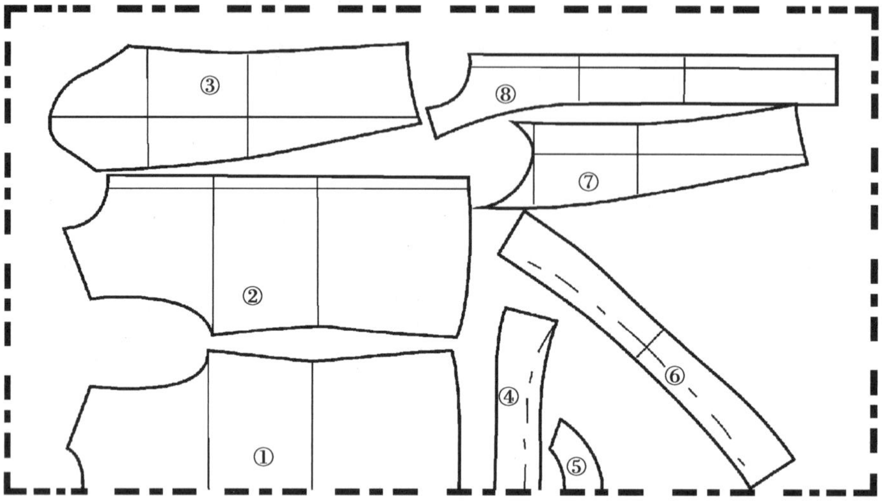

题17图

模拟测试四

（满分78分，考试时间40分钟）

一、单项选择题(共9小题,每小题4分,共计36分)

1.关于制图符号,以下说法错误的是(　　)。

A.粗实线表示轮廓线,一般宽度为0.5~1 mm

B.细实线的宽度为粗实线的一半,一般宽度为0.3~0.5 mm

C.符号  表示样板交叉重叠,衣片在重叠部位应各自保持完整

D.- - - - - - - 是虚线,宽度一般为1 mm,用于表示下层轮廓影示线

2.结构图 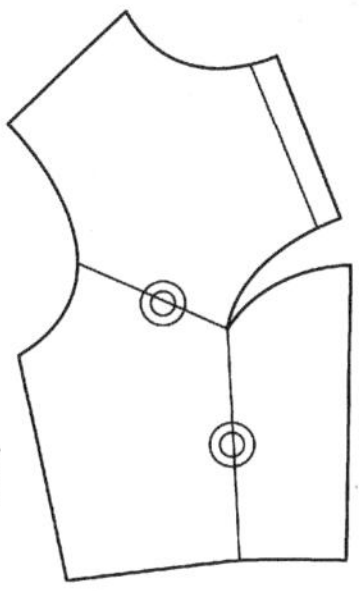 对应的款式图是(　　)。

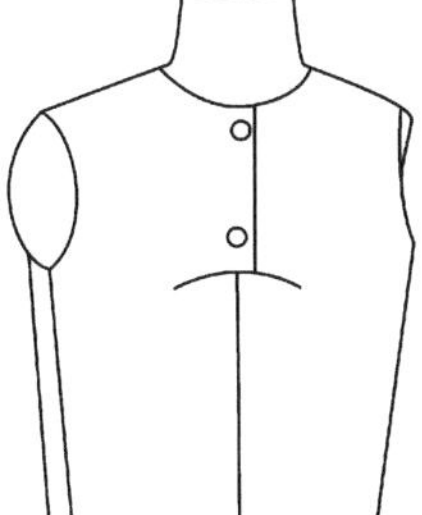
A.

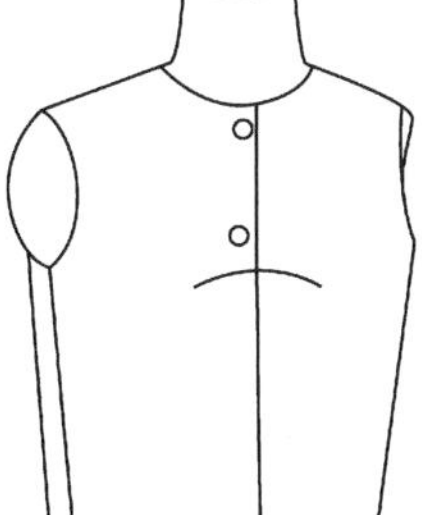
B.

C.

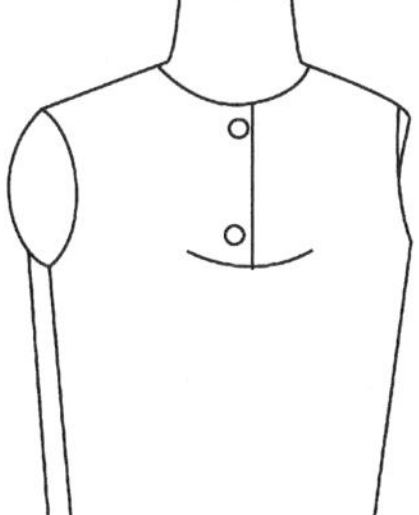
D.

3. 款式图对应的结构图是(　　)。

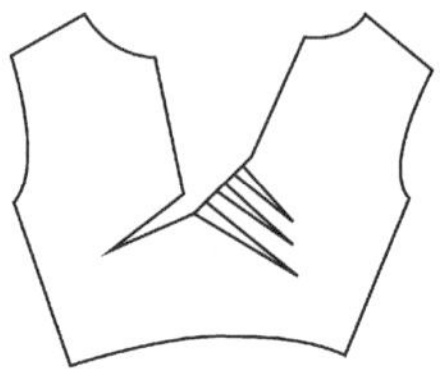

A.

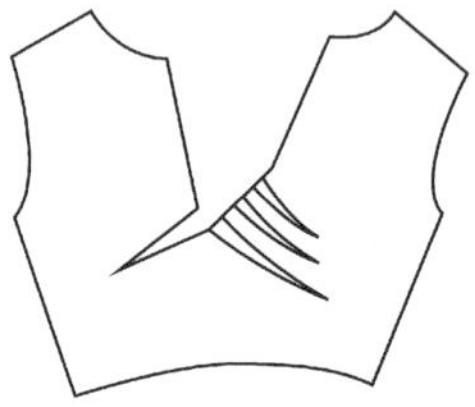

B.

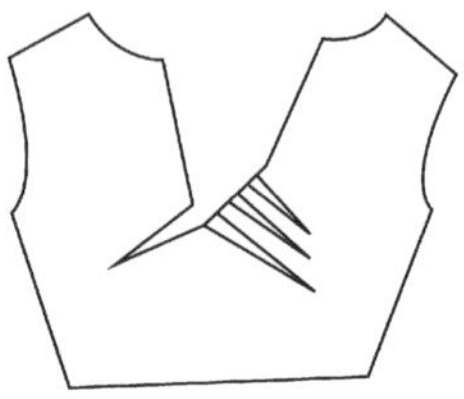

C.

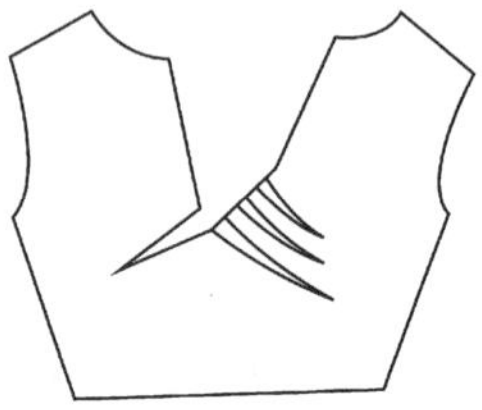

D.

4. 平领也称袒领、披肩领,它的领座高在(　　)cm内变化。

A.0~1　　B.1~2　　C.2~3　　D.3~4

5. 关于袖子的说法正确的是(　　)。

A. 合体服装的袖山制图与服装的胸围、AH尺寸有关,但与AH形状无关

B. 合体女衬衣一般采用两片袖结构

C. 合体一片袖一般只能采用袖肘省的形式使袖子符合手臂前倾形态

D. 同一穿着对象,袖窿弧线长度相等不同款式的服装袖山高由高到低的顺序是:女西服>合体衬衣>合体连衣裙>夹克衫

6. 在某品牌专卖店里,有一位女士在选择一件夏季短袖微弹力高腰连衣裙,她的尺寸为身高165 cm,胸围96 cm,腰围84 cm,如果你是售货员,应为她推荐型号(　　)。

A.160/84A　　B.165/88A　　C.170/92A　　D.175/96A

7.(　　)这组尺寸可以是女士西裤成品规格。

A.L100 cm,W70 cm,H100 cm　　B.L100 cm,W45 cm,H100 cm

C.L100 cm,W70 cm,H60 cm　　D.L150 cm,W70 cm,H100 cm

8. 直裙制图时,由于侧缝有劈势,使得前后裙腰拼接后产生凹角,只能通过起翘来填补凹势,前片的一半在以下尺寸设置中,需要的起翘量最大的是(　　)。

A.H92 cm,W76 cm,省量3 cm　　B.H92 cm,W72 cm,省量3 cm

C.H92 cm,W72 cm,省量2.5 cm　　D.H94 cm,W70 cm,省量4 cm

9.关于尺寸测量以下说法正确的是(　　)。

A.膝围是沿着膝盖最突出的位置水平围量一周

B.臂围经肩点前后腋点测量一周

C.袖长是从肩端点向下量至所需要的长度

D.后衣长由右颈肩点经过背部最高点向下量至所需要的长度

二、判断题(共6小题,每小题2分,共计12分)

10.衣身结构一样且袖肥尺寸相同的情况下,圆装袖比平装袖的袖山更高。(　　)

11.A字裙的侧缝偏斜度应大于直裙小于斜裙,下摆的劈出量不是一个固定值,与裙长有关系。(　　)

12.制图符号  表示缝制时需稍紧缩的部位。(　　)

13.上衣按5.2系列推档,165/88A下一个型号是170/90A。(　　)

14.一般来说,夏季套装无袖款式女西服胸围的放松量不少于3~4 cm。(　　)

15.一片翻领在总领宽相同的情况下,翻领越宽领下口线越长。(　　)

二、简答题(共两小题,每小题15分,共计30分)

16.服装结构制图中的某些部位、线条、点等,为了使用便利和规范,常使用英文单词的第一个字母为代号来替代相应的中文线条、部位及点的名称,请写出以下部位线条的字母代号。

(1)袖窿

(2)颈肩点

(3)肩宽

(4)肘线

(5)臀围

17.在立领结构设计中,立领的起翘量会直接影响立领与脖子的紧密程度,请简述立领起翘量和领子外形的关系。

模拟测试五

（满分78分，考试时间40分钟）

一、单项选择题(共9小题,每小题4分,共计36分)

1.制图代号SNP表示的是(　　)。

A.颈侧点　　B.肩颈点　　C.肩点　　D.后颈点

2.褶裥符号 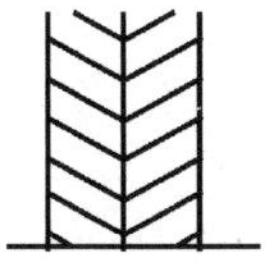 表示的褶裥形态是(　　)。

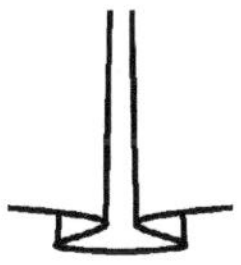
A.

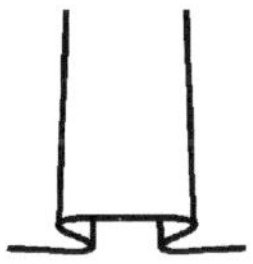
B.

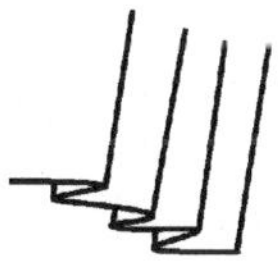
C.

D.

3.结构图 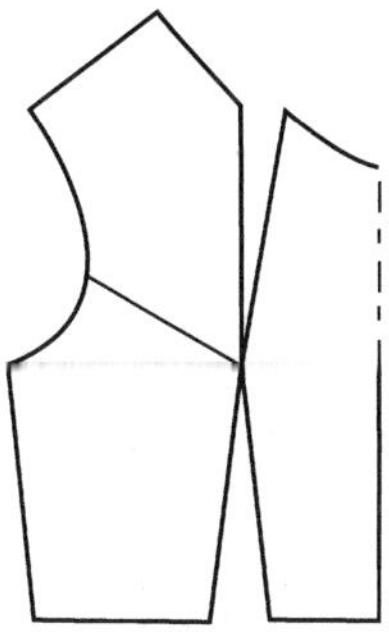 对应的款式图是(　　)。

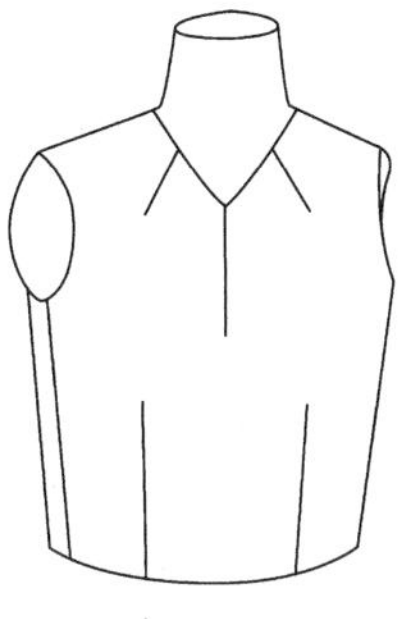
A.

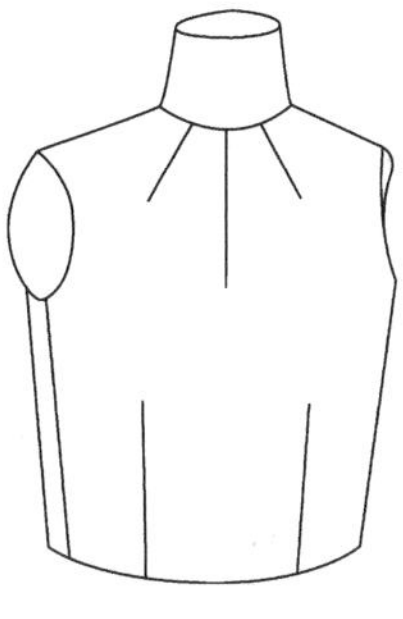
B.

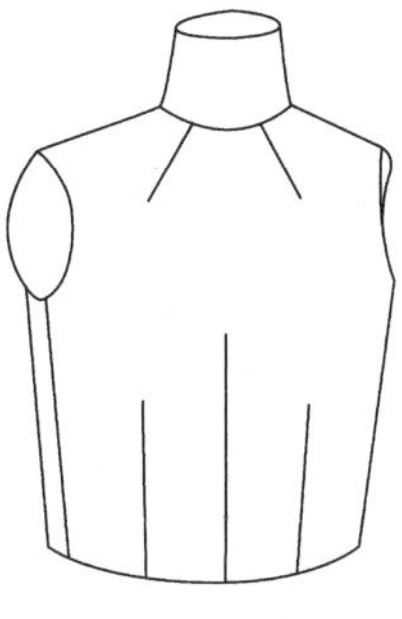
C.

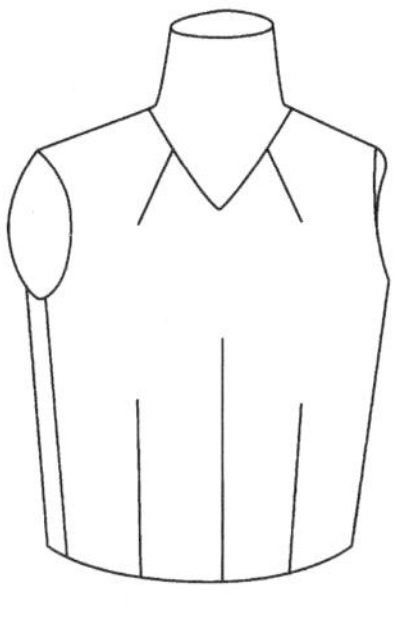
D.

4.款式图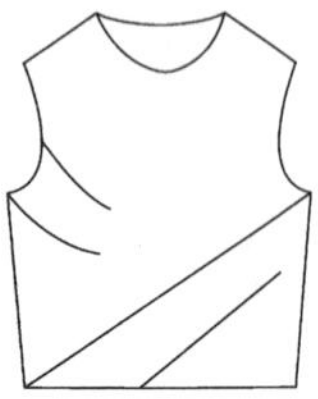对应的结构图是(　　)。

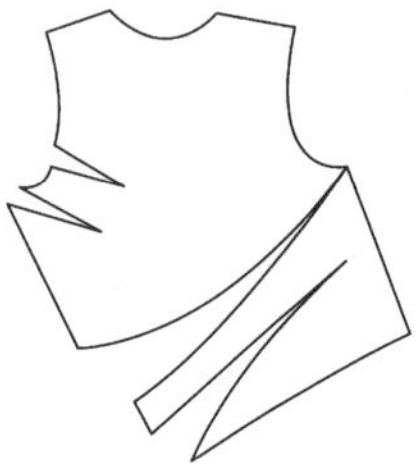
A.

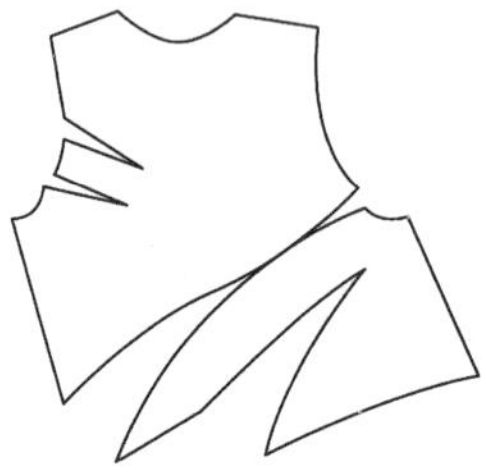
B.

C.

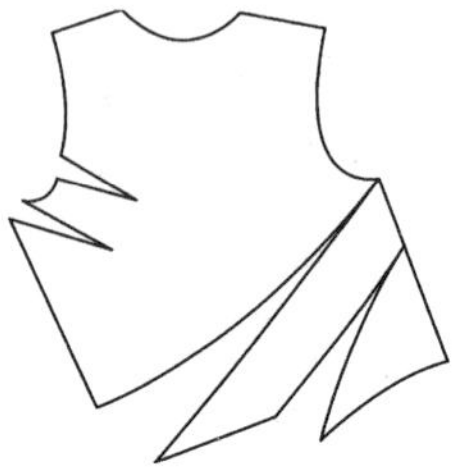
D.

5.结构图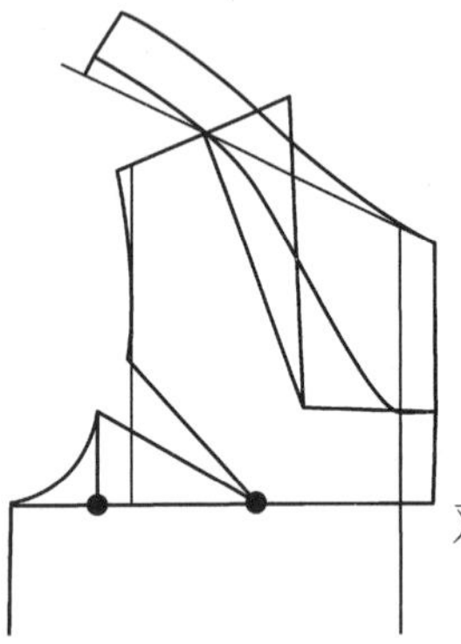对应的领型是(　　)。

A.翻领　　B.平翻领　　C.翻驳领　　D.立领

6.关于插肩袖,下列表述中错误的是(　　)。

A.插肩袖一般不需要加吃缝量

B.随着衣身松量增加时,插肩袖袖窿在原型的基础上下落量大于3 cm时,袖山高的增加量应逐渐增大,以获得较好的运动机能性

C.插肩袖前片袖肥、袖口一般小于后片

D.插肩袖制图时,袖中的斜度为45°左右

7.某化妆品柜台,需要订购一批春秋季非弹力面料合体职业西服正装,以下设计合理的胸围放松量为(　　)。

A.2~6 cm　　B.8~10 cm　　C.12~16 cm　　D.17~20 cm

8. 下列关于女上装的说法，正确的是(　　)。

A. 女衬衣无论宽松与否，都需要收胸省

B. 女衬衣的袖山吃势设计与面料的厚薄、纱线疏密无关

C. 女衬衣后片收肩省只与款式造型有关，与人体体型无关

D. 一般情况下，合体女大衣的胸围放松量大于合体女衬衣的胸围放松量

9. 一条斜裙（两片式，每片展开角度为90°）的腰围为66 cm，则制图时腰口半径为(　　)。

A.19 cm　　B.20 cm　　C.21 cm　　D.22 cm

二、判断题（共6小题，每小题2分，共计12分）

10. 翻驳领结构设计中，驳领止点的高低直接影响后领的倒伏量，驳领止点越高，后领的倒伏量越大。(　　)

11. 女子的中间体为165/84A 。(　　)

12. 一字领结构设计时，为了解决前领口漂浮现象，后肩线可以比前肩线开大0.5~1 cm。(　　)

13. 省量的大小与面料、工艺方法有关，面料弹力越大，省量越大。(　　)

14. 节裙又称接裙或塔裙，可以用直料和斜料拼接，也可以用多种面料镶接。

(　　)

15. 西裤的后裆缝缝斜度是一样的，不会根据款式的变化而发生改变。(　　)

三、简答题（共两小题，每小题15分，共计30分）

16. 题16图是女西服的排料图，请写出任意5个数字对应的裁片名称：

____。

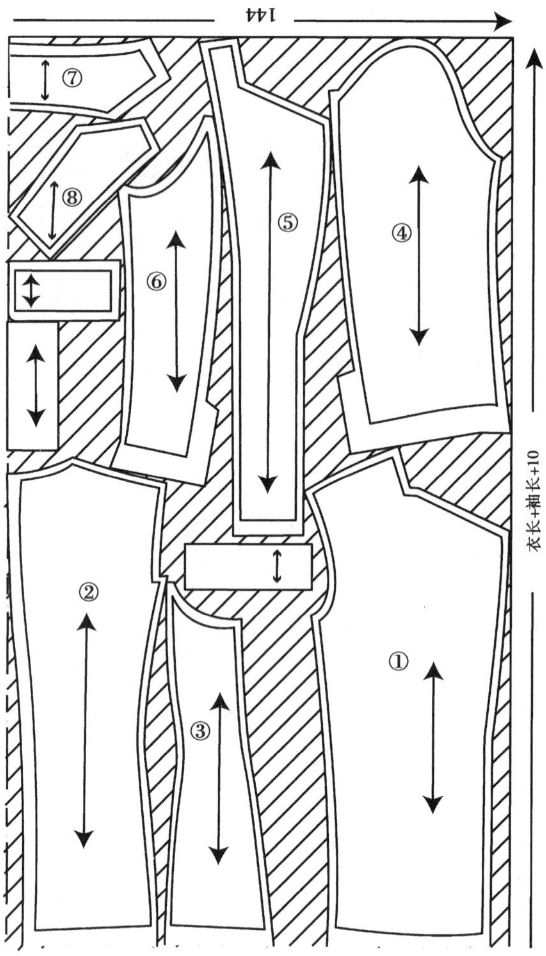

题16图

17. 服装穿在人体上要求舒适美观，并且利于活动。因此，服装要在人体胸部围度的基础上增加一定的放松量，才能满足功能性要求。根据不同的服装类型，胸围的放松量也不相同，请分别说明各种类型服装的放松量为多少？

学科综合测试

专业综合测试题一

一、单项选择题(本大题共25小题,每小题4分,共100分)

1.肩点的制图代号是(　　)。

A.SP　　B.SNP　　C.S　　D.NP

2.结构图 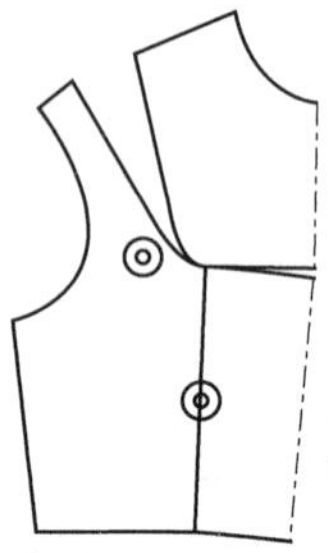 对应的款式图是(　　)。

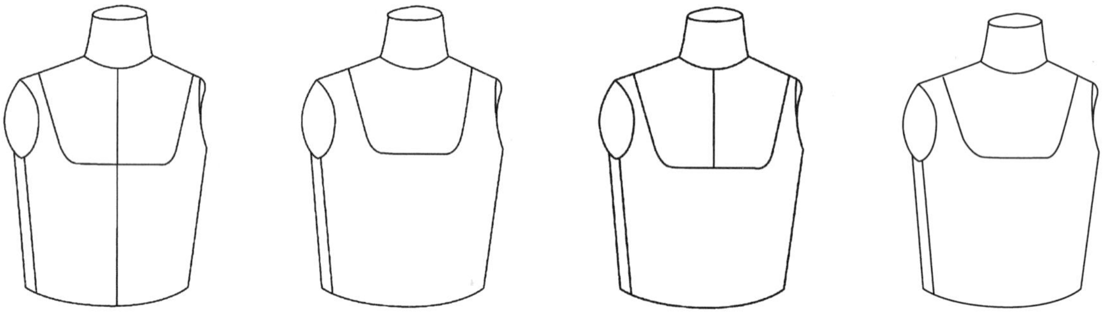

A.　　B.　　C.　　D.

3.款式图 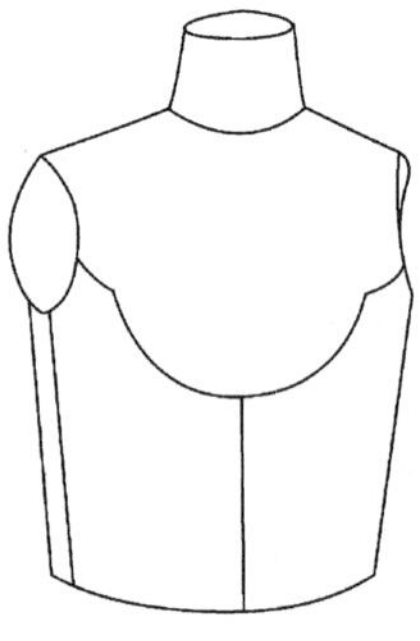 对应的结构图是(　　)。

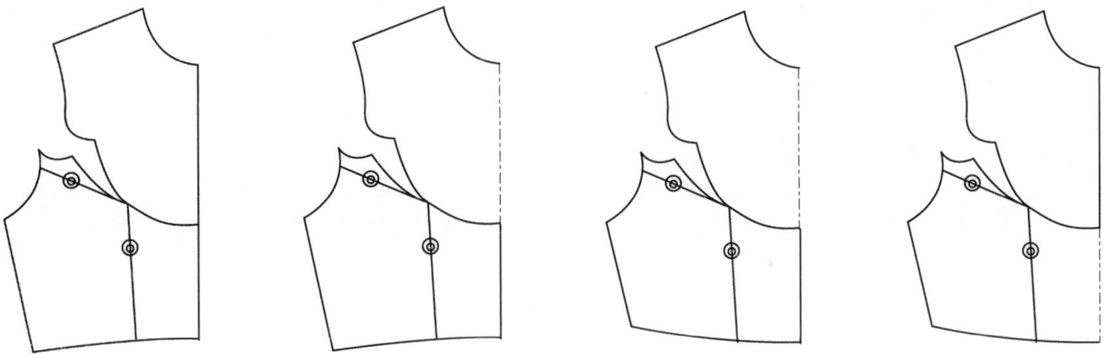

A.　　B.　　C.　　D.

4. 如题4图箭头所指的结构线条名称是(　　)。

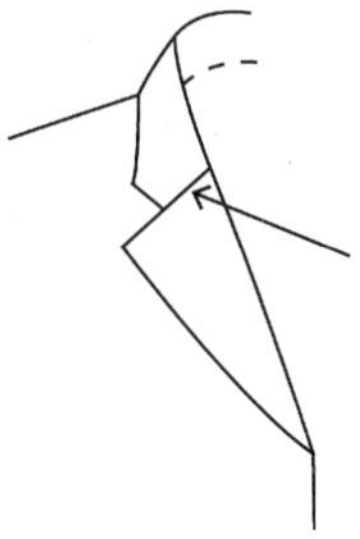

题4图

A. 驳口线　　B. 翻折线

C. 串口线　　D. 领口线

5. 需要袖山曲线的吃势量最大的绱袖角度是(　　)。

A.0°　　B.45°

C.60°　　D.90°

6. 某青年女性，身高160 cm，胸围84 cm，腰围68 cm，臀围86 cm，拟用非弹性面料为她制作一件较宽松型女衬衫，胸围设计合理的是(　　)cm。

A.90　　B.95　　C.100　　D.105

7.160/70A的女西裤的裆深(不含腰宽)约为(　　)。

A.10~14 cm　　B.16~20 cm　　C.24~26 cm　　D.30~32 cm

8. 型号为170/78B的直裙结构制图时，上平线和臀高线之间的距离为(　　)cm。

A.15　　B.16　　C.17　　D.18

9. 肩颈点不是下列哪一人体测量尺寸的起始点(　　)。

A. 前腰节长　　B. 前衣长　　C. 背长　　D. 后腰节长

10. 实现服装设计的手段是(　　)。

A. 服装结构、服装裁剪　　B. 服装结构、服装工艺

C. 服装包装、服装裁剪　　D. 服装裁剪、服装工艺

11.斜裙上面的褶属于(　　)。

A.堆砌褶　B.人工褶　C.褶裥　D.自然褶

12.拉伸、扭转等手法属于服装细节设计方法中的(　　)。

A.变形法　B.移位法　C.材料转化法　D.综合法

13.按结构分类题13图外套服装的领属于(　　)。

A.无领　B.立领　C.翻领　D.翻驳领

题13图

14.在配色中形成鲜明的对比,视觉冲击力最强的是(　　)。

A.同类色搭配　B.近似色搭配　C.互补色搭配　D.对比色搭配

15.系列产品中对产品精彩之处进行拓展变化,使整体分量更足的产品是(　　)。

A.主打产品　B.衬托产品　C.延伸产品　D.尝试产品

16.在服装形式美法则中最基本也是最重要的原则是(　　)。

A.对比与协调　B.统一与变化　C.节奏与韵律　D.强调

17.补花、刺绣等手法属于面料再造中面料形态的(　　)。

A.立体处理　B.增形处理　C.减形处理　D.综合处理

18.题18图中的手缝针法是(　　)。

A.暗缲针　B.拱针　C.纳针　D.明缲针

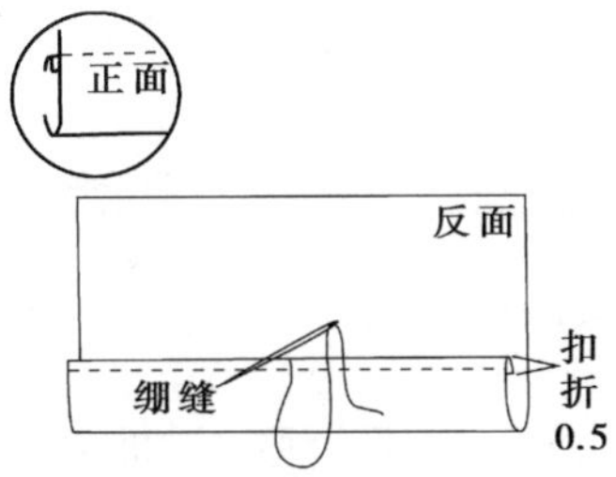

题18图

19.题19图中的机缝缝型名称是(　　)。

A.明包缝　　B.内包缝　　C.分压缝　　D.骑缝

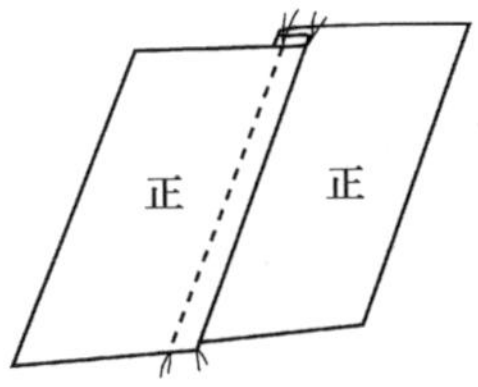

题19图

20.对男西裤装门里襟拉链的工艺流程排序正确的是(　　)。

A.做里襟—做门襟—装门襟—缝合前后裆缝—装里襟拉链—装里襟—装门襟拉链—封小裆

B.做里襟—做门襟—装门襟—缝合前后裆缝—装门襟拉链—装里襟—装里襟拉链—封小裆

C.做门襟—做里襟—装门襟—缝合前后裆缝—装门襟拉链—装里襟—装里襟拉链—封小裆

D.做门襟—做里襟—装门襟—缝合前后裆缝—装里襟拉链—装里襟—装门襟拉链—封小裆

21.男衬衫缝制前需要对部分裁片进行粘衬处理,下列选项中不需要粘衬的是(　　)。

A.翻领　　B.袖克夫　　C.口袋　　D.袖衩条

22.西裤在归拔后片时,中裆以下的熨烫方式是(　　)。

A.拔烫分缝　　B.归烫分缝　　C.归烫　　D.拔烫

23.缝制紧身裙的工艺流程中,裙开衩的前面一步是(　　)。

A.缝合前裙片中间竖分割缝　　B.缝合侧缝

C.装门、里襟拉链　　D.开袋

24.关于上装缝制工艺,下列说法不正确的是(　　)。

A.女西服装领面时,串口缝和前后领圈分别烫分开缝

B.女衬衫缝合前身刀背缝时缝份倒向止口方向

C.男衬衫的翻领领面一般采用斜料的涤棉树脂黏合衬

D.男西服装袖前检查袖窿与袖山的缝子长度是否一致,一般袖山弧线略小于袖窿弧线0.6 cm左右

25.关于服装品质检验,下列说法正确的是(　　)。

A.造成侧缝牵紧的原因是缝线过紧,缝合的时候没有将侧缝部位拉紧

B.男西服各部位缝纫线迹20 cm内不得有两处单跳和连续跳针,链式线迹不允许跳针

C.男西服前衣身下摆处允许出现1~2 cm的大肚纱

D.羽绒服成品检验抽样时,500~1 000件抽检30件

二、判断题(本大题共20小题,每小题2分,共40分)

26.影响驳领倒伏量的因素有驳领止点和领面与领座的比例,其中领面与领座的比例越大,后倒伏量越小。(　　)

27.用同种白坯布制作样衣时,插肩袖山吃势量大于衬衫袖山吃势量。(　　)

28.直线的偏出,如后裤片在侧缝线上端处的偏出,称为劈势。(　　)

29.一般来说,春秋季女西服胸围的放松量不少于18 cm。(　　)

30.一般旗袍的腰围放松量大于半身裙,可以放到3~5 cm。(　　)

31.常用的撇胸方法有两种,一是绘制结构时直接进行撇胸,二是打开袖窿深线进行撇胸。(　　)

32.无领又称为领口领,无袖也称为袖口袖。(　　)

33. 裤子的图案装饰部位一般在脚口、臀部、侧缝。（ ）

34. 日间礼服的图案设计要求精致华丽、表现雍容华贵与不凡气质。（ ）

35. 以汉服元素设计系列服装，其设计灵感来自年代主题。（ ）

36. 创意设计的宗旨在于“创造”。（ ）

37. 设计中多向思维也称为发散思维、辐射思维或扩散思维。（ ）

38. 在服装中设计褶可以达到给放松量的作用，使服装方便运动。（ ）

39. 熨烫西裤、西服省的时候可以借助铁凳进行熨烫。（ ）

40. 男西服前片在归拔处理时，袖窿横丝要向胸部推弹0.3~0.5 cm。（ ）

41. 西服裙装拉链时，先将裙片合成圆筒形，再安装拉链比较好。（ ）

42. 使用电动工业平缝机时，脚尖向前用力，平缝机就停了。（ ）

43. 一般情况下，缉角线不需要在机针刺入的状态下抬起压脚转换方向。（ ）

44. 夹克衫装袖时用坐缉缝的方法进行装袖，缝份0.8 cm朝大身袖窿方向坐倒，正面缉0.15 cm止口，夹里用坐倒缝的方法向袖子坐倒。（ ）

45. 男西裤门、里襟做好后，要求面、里衬平服，松紧适宜，长短互差不大于0.2 cm，门襟不短于里襟。（ ）

三、简答题（本大题共4小题，每小题15分，共60分）

46. 按服装产品的国际标准要求，在服装结构制图中，文字说明缺乏准确性和规范性，也不符合简化和快捷的要求，常需要用符号来表示，请写出下列结构符号的名称。

（1）

（2）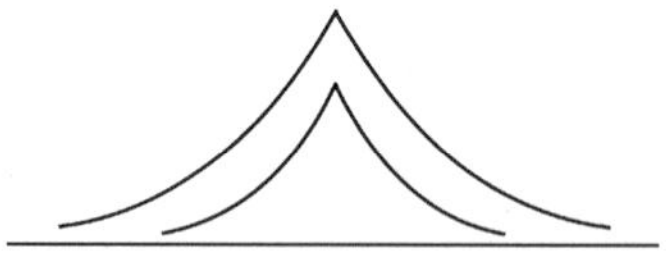

（3）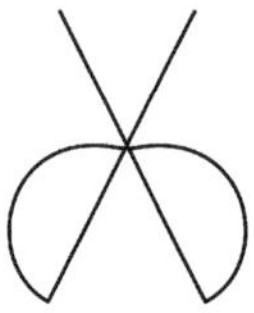

（4）

（5）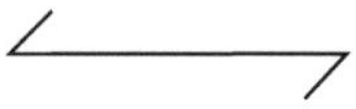

47.直裙收腰的目的是满足臀部规格后，将腰部多余部分收去使腰部合体。请简述直裙腰口省数量的分布、位置、省量及长度的设置方法。

48. 简述服饰图案的组织形式和装饰手法有哪些？题48图中图案的组织形式与装饰手法分别是什么？

题48图

49. 请写出缝制一件戗驳领，前身有双嵌线袋、刀背缝、圆下摆，后身有背中缝、背部开衩的女西服，敷牵带的要求。

专业综合测试题二

一、单项选择题(本大题共25小题,每小题4分,共100分)

1.在结构制图中,胸围线的代号是(　　)。

A.B　　B.W　　C.BL　　D.WL

2.结构图 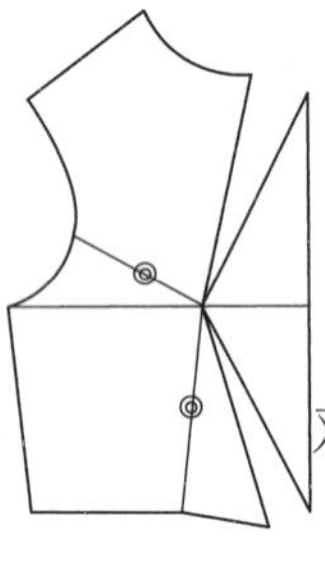 对应的款式图是(　　)。

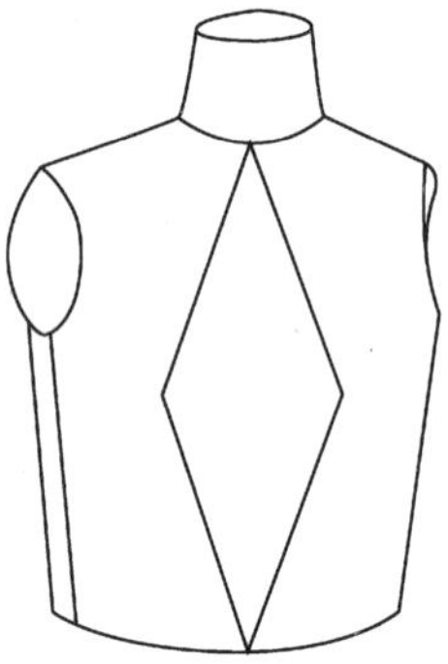
A.

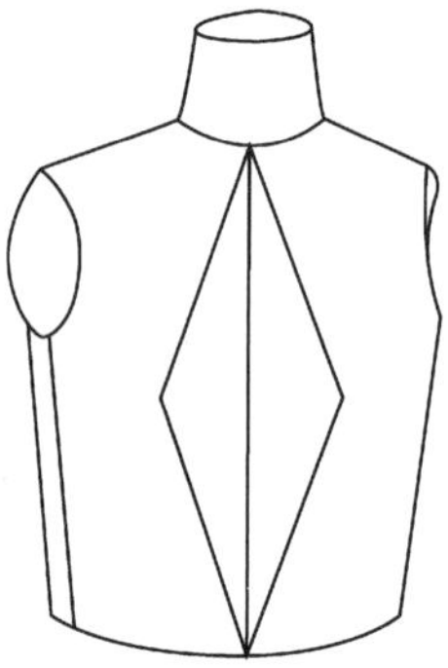
B.

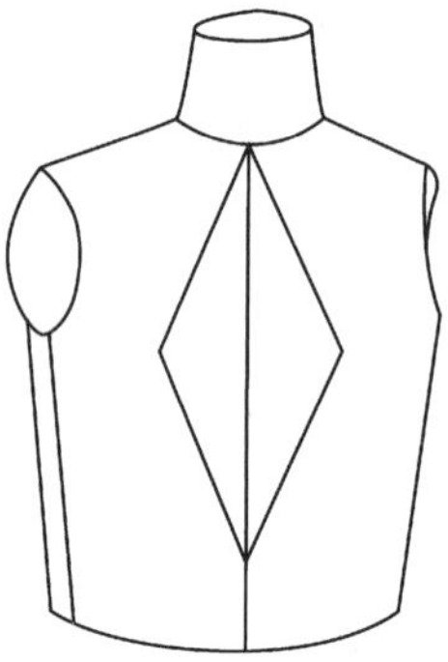
C.

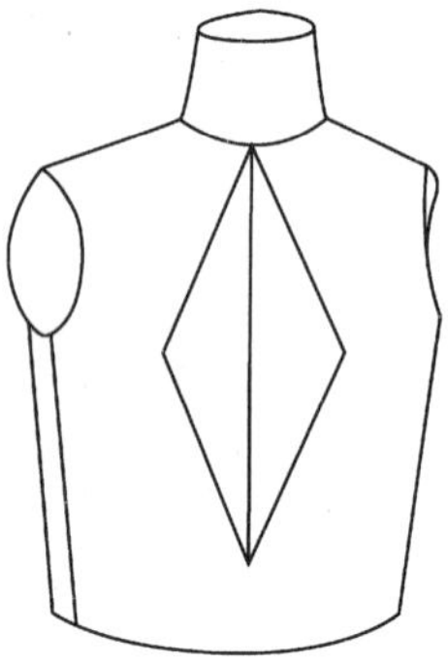
D.

3.款式图 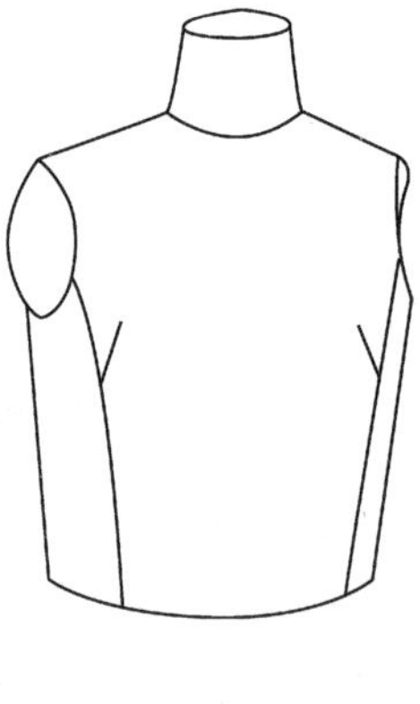 对应的结构图是(　　)。

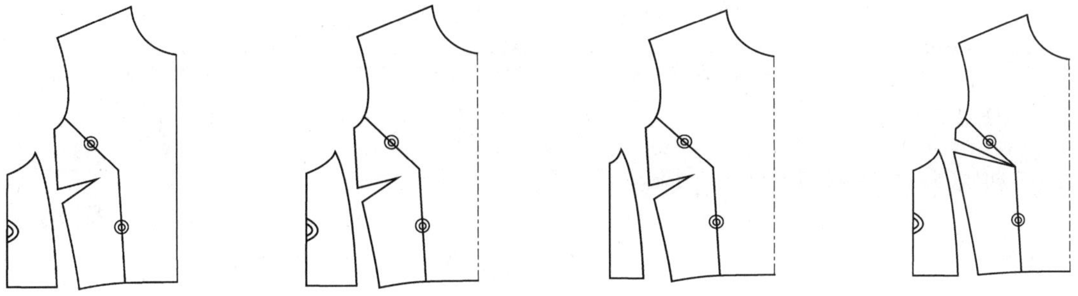

A.　　B.　　C.　　D.

4.下列关于颈部和衣领的关系说法正确的是(　　)。

A.衣领的造型一般为前领脚宽,后领脚窄

B.上衣前后领弧线的弯曲度一般是后平前弯

C.立领和翻领领座的显著结构特征一定是下领弧线短,上领弧线长

D.人体颈部呈上细下粗的规则圆台状

5.下列关于袖子的说法正确的是(　　)。

A.两片合体袖穿着时,手臂下垂腋下无多余褶皱,常用于活动量较大的服装中

B.对于同一穿着对象,袖口不收细褶比收细褶的袖长要长

C.同一穿着对象,衣身的肩宽越小,袖山需要的吃势量越大

D.在袖口宽一定的情况下,袖肥越大,袖肘省的省量越小

6.(　　)是袖子造型中覆盖手臂面积最少的一种。

A.盖肩短袖　　B.月牙短袖　　C.泡泡短袖　　D.喇叭短袖

7.下列关于裤子的说法正确的是(　　)。

A.西裤的中裆线不一定在人体的膝围线上,但中裆线一定是在膝围线附近

B.西裤的后裆宽一般小于前裆宽

C.裁剪肥胖体西裤时,因臀腰差比较小,方法只能是减小腰口的褶裥、省量

D.西裤后片靠后裆缝线的省比靠侧缝线的省短,是由于臀部突出的原因

8. 题8图所示的斜裙，其臀围的放松量一般为(　　)。

题8图

A.2~4 cm　　B.6~8 cm

C.10~12 cm　　D. 不需要考虑

9. 下列哪个点与测量衣长无关(　　)。

A.SP　　B.BNP

C.SNP　　D.BP

10. 衣服的种类很多，下列服装中分类正确的是(　　)。

A. 西服、夹克、礼服、大衣

B. 学生服、教师服、军服、中老年服装

C. 家居服、休闲服、运动服、舞台服

D. 丝绸服装、棉质服装、条格服装

11. 服装连接件设计主要包括纽扣设计、拉链设计和(　　)。

A. 腰头设计　　B. 分割线设计　　C. 口袋设计　　D. 袢带设计

12. 休闲装中的口袋设计最常用的是(　　)。

A. 贴袋　　B. 挖袋　　C. 暗袋　　D. 缝内袋

13. 流行色的特点是周期性(　　)。

A. 长　　B. 短　　C. 不一致　　D. 不确定

14. 以自然界客观事物为基础，通过艺术处理创作出来的纹样是(　　)。

A. 具象纹样　　B. 文字纹样　　C. 抽象纹样　　D. 几何纹样

15. 幼儿装常用的外廓形有(　　)。

A.X形、O形、A形　　B.H形、X形、O形

C.H形、A形、O形　　D.X形、H形、A形

16. 题16图裤子外廓型最初设计灵感来自(　　)。

A. 自然界　　B. 社会动向　　C. 年代主题　　D. 民族元素

题16图

17.题17图系列服装设计风格属于(　　)。

A.典雅风格　　B.前卫风格　　C.民族风格　　D.田园风格

题17图

18.一女装高级定制工作室,接到了一个纯手工夏季真丝旗袍的订单,在完成此订单的过程中,下列关于针线的选用,合理的是(　　)。

A.3号针,粗线　　B.6号针,中粗线

C.长7号针,绣线　　D.7号针,细线

19.在使用工业平缝机的过程中,若操作者需要长时间离开机器,则下列说法正确的是(　　)。

A.只需取出正在缝制的半成品

B.取出正在缝制的半成品,并关闭电源

C.可以不用关闭电源

D.可以不用关闭电源,但要取出正在缝制的半成品

20.下面哪种缝型的缝合第一步是两层衣片反面相叠?(　　)

A.坐缉缝　　B.来去缝　　C.搭缝　　D.暗包缝

21.下面关于熨烫的说法正确的是(　　)。

A.弓形烫板用于熨烫已缝制成圆筒形的缝子

B.需要在衣料正面熨烫时,应在衣料上盖布熨烫

C.烫黏合衬时,熨斗可以随意移动熨烫

D.熨烫合成纤维服装的熨斗温度高于熨烫纯羊毛服装的温度

22.牛仔裤缝制工艺过程中,缝合下裆缝的前面一步是(　　)。

A.缝合侧缝　　B.贴后袋　　C.合后裆缝　　D.缝合前裆缝

23.下列关于下装的缝制工艺,说法错误的是(　　)。

A.男西裤后裤片反面省缝均朝后裆缝倒

B.紧身裙腰面、腰里粘薄黏合衬,腰面下口拷边

C.牛仔裤缝制时用双针埋夹机缉合后裆缝

D.牛仔裤门襟需用三线锁边机从圆弧边锁到直边且弯势处要圆顺

24.下列关于上装的缝制工艺说法不正确的是(　　)。

A.在缉女上衣肩缝时,里肩1/3处放层势0.6 cm左右

B.女上衣复挂面时,驳头驳角处略放吃势,驳头、眼位上下一段平绗

C.男西服前衣身的胸衬多用马尾衬和胸绒,而不使用无纺衬

D.为防止袖窿拉坏,男西服应在后背袖窿缝处黏上1.2 cm宽的直料粘合牵带

25.男西服大袋与前身,对格对条是(　　)。

A.条料对条,格料对格,互差不大于0.3 cm

B.条料对条,格料对横,互差不大于0.2 cm

C.条料对称，格料对格，互差不大于0.3 cm

D.条料对称，格料对横，互差不大于0.2 cm

二、判断题（本大题共20小题，每小题2分，共40分）

26.合体袖一般会装垫肩，垫肩越厚，袖山高越高，袖子就越长。（　　）

27.在衣身相同的情况下，在一定范围内立领的起翘量越高，领子上口离脖子越远。（　　）

28.女装肩部的前后肩斜与男装是一致的。（　　）

29.在绘制女西裤结构图时，中裆的位置是在下平线和上裆线等分线上偏4 cm左右。（　　）

30.背长测量是由后颈椎点量至腰部最细处。（　　）

31.GB/T 1335—1997规定，身高以5 cm分档，胸围以4 cm分档，腰围以2 cm分档。（　　）

32.半身节裙其外廓形是“H”形。（　　）

33.服装中的所有分割线都是装饰性与功能性的综合体。（　　）

34.休闲服通常在无须特别注重礼节的一般社交场合穿。（　　）

35.波西米亚风格系列服装的设计风格属于田园风格。（　　）

36.创意服装的从属性表现为必须从属于设计构思的主题。（　　）

37.盘绣手法属于面料形态的钩编处理。（　　）

38.统一是指在设计的时候服装整体风格、色彩、图案等的统一。（　　）

39.暗针、三角针、拉线袢都是可以用作装饰的手针针法。（　　）

40.缝纫机空车运转时，直接坐正，把右脚放在缝纫机的踏板上踏动踏板即可。（　　）

41.黏烫没有绒毛的面料不用考虑面料的最大黏合压力。（　　）

42.布馒头可以用来熨烫西裤的裥、裆缝等。（　　）

43.男西裤前裤片脚口是拔开。（　　）

44. 用坐倒缝方法合缉夹克衫夹里摆缝和夹里袖底缝，缝份倒向后衣片。（　　）

45. 男西服前衣身驳头处允许出现1~2 cm的大肚纱。（　　）

三、简答题（本大题共4小题，每小题15分，共60分）

46. 请画出下列符号并解释其含义。

（1）阴裥

（2）明线符号

（3）丝缕符号

47. 某服装店在售一款微弹力短袖夏季连衣裙，其型号按5.4系列分档，生产了A、B两种体型共计10个号型，其中中间号型165/88A、165/92B成品尺寸以题47表1的尺寸为准。

题47表1　　单位：cm

型号	L	B	W	H	S	SL
165/88A	96	94	78	99	38.5	22
165/92B	96	98	87	103	40	22

请为题47表2中的以下几个顾客推荐合适的号型。

题47表2　　单位：cm

顾客	身高	胸围	腰围	臀围	推荐型号
甲	162	80	66	86	
乙	170	102	92	103	
丙	150	82	61	84	

48. 简述服装色彩系列设计时应注意的内容？

49. 如题49图所示是一款常规款男西裤，请写出5个此款男西裤缝制前需要拷边的部位。

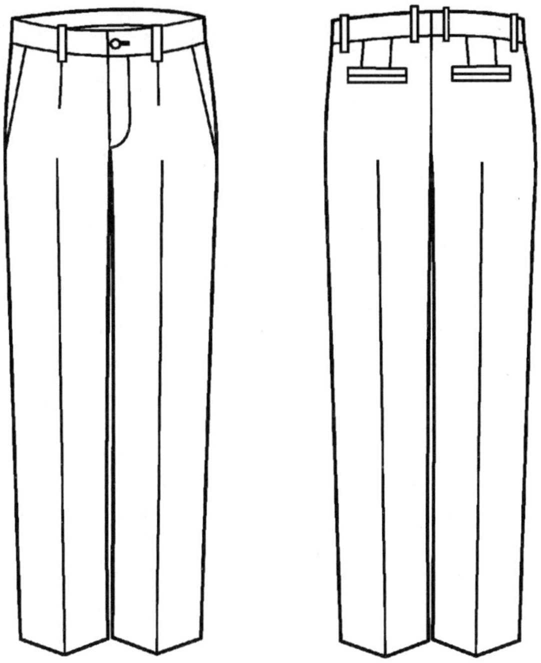

题49图

习题答案

单元练习

任务一　服装结构设计方法

一、单项选择题

1.B　2.A　3.B　4.C　5.D

二、判断题

1.×　2.×　3.√　4.√　5.×

三、简答题

1.立体裁剪是在立体裁剪专用规格的人台上，用立体裁剪技术获得基本纸样，无须测量人台各部位的尺寸，而是将服装面料直接披挂在人体上或标准的人台上，并依据人体结构和服装款式设计的需要，做出合乎人体体型和符合款式设计的服装造型，再在人台上直接进行裁剪并获得服装结构纸样。

2.平面裁剪是以测量所得的尺寸为依据，通过一定的制图原则，在面料或纸上绘制服装结构图，或者先绘出服装的基型，然后按照基型的变化规律进行变化后再逐一绘制服装结构图。

任务二　服装结构设计工具及符号

一、单项选择题

1.B　2.C　3.C　4.B　5.D　6.C　7.B　8.C　9.A　10.C

11.A　12.B　13.D　14.B　15.B　16.C　17.A　18.A

二、判断题

1.√ 2.× 3.× 4.√ 5.× 6.× 7.√ 8.× 9.× 10.√

11.× 12.√ 13.× 14.× 15.×

三、简答题

1.

W:腰围 H:臀围 N:领围 AH:袖窿

SNP:颈侧点 S:肩宽 WL:腰围线 FNP:前颈点

2.

EL—肘线 L—长度 SB—脚口宽
HS—头围 SL—袖长

3.

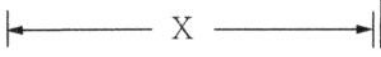

间距

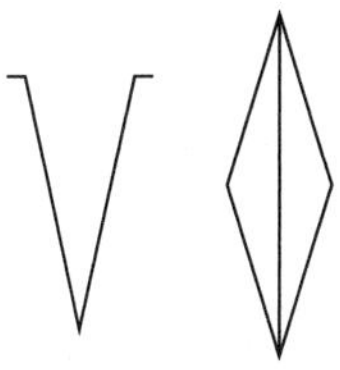
省道符号

等量符号

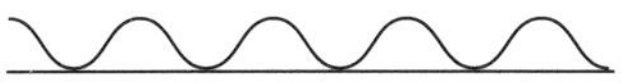
缩褶符号

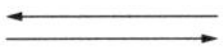
倒顺毛符号

4.

(1)直角符号 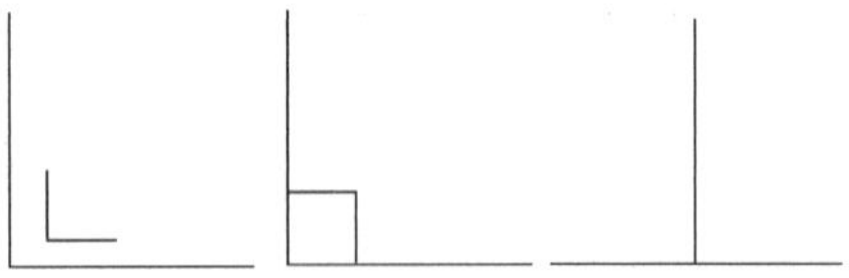;(2)剪切符号 ,

(3)重叠符号 ;(4)对位符号 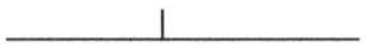;(5)拔开符号 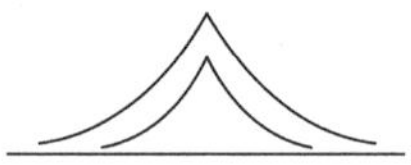。

5.

(1)净样:服装实际规格,不包括缝份、贴边等。

(2)凹势:袖窿门、裤前后袖窿门凹进的程度。

(3)叠门:门襟和里襟相叠合的部分。

(4)门襟:衣片的锁眼处。

(5)过肩:也称复势、育克,一般常用在男女上衣肩部的双层或单层布料。

任务三　人体测量的部位与方法

一、单项选择题

1.B　2.D　3.A　4.C　5.D　6.B　7.B　8.C　9.D　10.D

二、判断题

1.√　2.×　3.×　4.×　5.×　6.×　7.√　8.×　9.×　10.√　11.√　12.×　13.×

14.×　15.√　16.√　17.×

三、简答题

1.

(1)测体要求:要求被测者穿紧身单衣或贴体内衣,赤足自然站立,手臂下垂。在测量围度时,左手持软尺的零起点一端紧贴测点,右手持软尺水平绕测位一周。

(2)胸围:经乳点水平围度测量一周。

(3)颈根围:经前颈点、侧颈点、后颈点用软尺测量一周。

(4)头围:以前额丘和后枕骨围量一周。

(5)臂围:肩端点下8~10 cm处围量手臂最粗处一周。

2.

(1)人体测量的方法有男体测量、女体测量、童体测量三种。

(2)测体工具有软尺、纸和笔、腰节带。

任务四　服装号型标准

一、单项选择题

1.B　2.C　3.D　4.A　5.B　6.D　7.A　8.C　9.D　10.C

11.B　12.A　13.C　14.A　15.D

二、判断题

1.×　2.√　3.×　4.√　5.×

三、简答题

1.

(1)长度部位:身高、颈椎点高、坐姿颈椎点高、全臂长、腰围高。

(2)围度部位:胸围、腰围、臀围、颈围、总肩宽。

2.

(1)体型分类是以人体的胸围与腰围的差数为依据来进行划分,体型可以分成四类。

(2)体型分类代号的适应范围:Y体型(19~24 cm)、A体型(14~18 cm)、B体型(9~

13 cm)、C体型(4~8 cm)。

3.

(1)C(4~8 cm);　(2)Y(19~24 cm);　(3)B(9~13 cm);

(4)A(14~18 cm);　(5)A(14~18 cm)。

任务五　衣身结构设计

一、单项单选题

1.B　2.D　3.C　4.D　5.A　6.B　7.C　8.D　9.D　10.C

11.A　12.C　13.C　14.C　15.C　16.A　17.B　18.B　19.B　20.B

21.D　22.C　23.D　24.B　25.B　26.A　27.B　28.D　29.C　30.D

二、判断题

1.×　2.√　3.√　4.×　5.√　6.√　7.√　8.×　9.√　10.√

三、简答题

1.①腰节省,②斜横省,③横省,④袖窿省,⑤肩省,⑥领口省,⑦前中省,⑧前中腰省。

2.

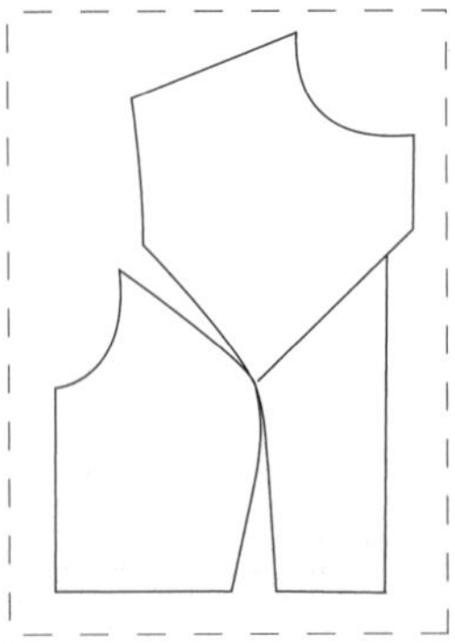

3.人体截面形态并不是单纯的椭圆形或球形,人体是由起伏不平的凹凸组成,它是

一个复杂而又微妙的立体型，要想平面的布料符合复杂的人体曲面，就必须在适当的部位做收省、收裥、收褶处理。由于各部位凹凸程度不同，所设计的省量大小长短也各有不同。

4.有三种。第一种是纸型折叠转换法，即在纸型上将设定的胸省位向着胸高点的方向剪开，将纸型上原有的省份折叠，剪开处就会自然张开；第二种是纸型旋转移位法，即以笔尖压住胸高点旋转纸型，旋转至纸型上原有省份合并，并在设定的省份上定位；第三种是角度移位法。

5.有两种。第一种情况当衣身收褶量不太大的时候，只需将省缝量转变成褶的量；第二种情况当衣身收褶量比较大时，单纯将省份作为褶量已经不够，就需要划线，再按线剪开，放出所需的收折量。

6.

(1)经过转移片变化后的省缝两线相交的夹角大小不变。

(2)使胸部造型柔和美观，一般省尖不能直达BP点，而应距BP点3~5 cm，在半径的圆周附近。

(3)设计省缝时，其形式可以是单个的，也可以是多个分散的。

7.依次如下图：

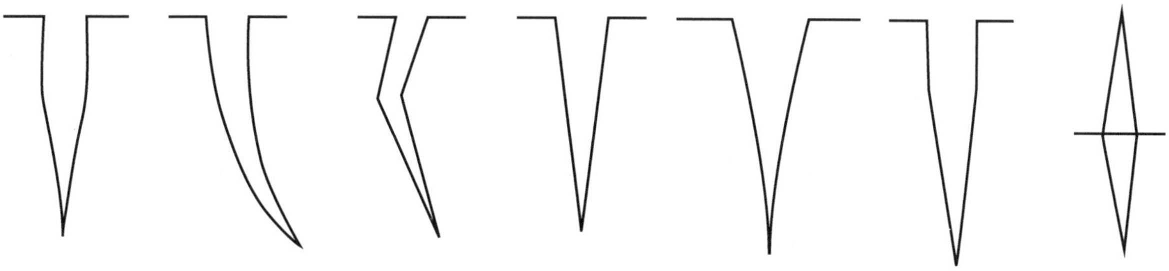

任务六　衣袖结构设计

一、单项选择题

1.D　2.B　3.D　4.A　5.C　6.B　7.A　8.C　9.D　10.D

11.A　12.D　13.D　14.C　15.B　16.C　17.B　18.D

二、判断题

1.×　2.×　3.×　4.√　5.√　6.×　7.×　8.×　9.×　10.×

11.√　12.√　13.×　14.√　15.√　16.×　17.√　18.√　19.×　20.√

21.×　22.×　23.√　24.√　25.×　26.×　27.×　28.×　29.√　30.√

三、简答题

1.略。

2.衣袖上的省主要是袖肘省,取袖肘省是为了使袖肘省符合或基本符合人体上肢静止的自然状态。观察人体手臂在自然下垂状态时的侧视图,手臂从肘关节向上的上臂基本保持垂直,肘关节下面的前臂呈前倾状态。

3.服装结构设计的衣袖纸样是根据腋窝设定的位置、肩部的绱袖位置、绱袖的角度、材料特性等要素的不同而变化的。

任务七　衣领结构设计

一、单项选择题

1.A　2.D　3.C　4.C　5.B　6.B　7.D　8.D　9.D　10.C

11.D　12.B　13.C　14.B　15.C　16.D　17.A　18.D　19.D　20.B

21.A　22.B　23.A　24.C　25.A　26.C　27.B

二、判断题

1.√　2.√　3.√　4.√　5.×　6.√　7.√　8.√　9.×　10.√

11.×　12.√　13.√　14.√　15.√　16.×　17.√　18.×　19.√　20.×

三、简答题

1.

(1)①领上口弧线,②领嘴,③领下口弧线,④后中线,⑤立领。

(2)①领上口弧线,②前领口线,③领下口线,④后中线,⑤翻折线,⑥翻领,⑦领座。

(3)①翻领领上口弧线,②前领口线,③翻领后中线,④领座后中线,⑤领座领下口线,⑥翻领,⑦领座。

(4)①底领,②翻领,③领上口线,④领嘴,⑤串口线,⑥驳头款,⑦翻折线,⑧驳头,⑨翻折止口。

任务八 下装结构设计

一、单项选择题

1.B 2.B 3.D 4.C 5.A 6.B 7.B 8.B 9.B 10.A

11.A 12.C 13.A 14.D 15.B

二、判断题

1.× 2.√ 3.√ 4.× 5.× 6.× 7.√ 8.√ 9.× 10.√

11.× 12.× 13.√ 14.× 15.× 16.√ 17.× 18.×

三、简答题

1.①上平线,②臀围线(臀高线),③下平线(裙长线),④(前)中缝,⑤省,⑥省,⑦侧缝线,⑧侧缝线,⑨裙长-腰宽,⑩0.1号+1,⑪H/4,⑫H/4。

2.①上平线,②臀高线,③裆深线(或上裆线),④中裆线,⑤下平线,⑥前裆缝线,⑦后裆缝线,⑧前下裆弧线,⑨后下裆弧线,⑩前烫迹线,⑪后烫迹线,⑫前侧缝弧线。

3.①前裤片,②后裤片,③袋垫布,④门襟,⑤里襟,⑥裤腰。

4.①后片,②前片,③裙腰,④里襟。

5.由于人体臀腰差的存在,使裙侧缝线在腰口处出现劈势,使起翘成为必要。因为侧缝有劈势，使得前后裙身拼接后，在腰缝处产生了凹角。劈势越大，凹角越大，而起翘的作用就在于能填补凹角。

6. 人体腰节线前有腹部后有臀部，而后腰中心点以下较为平直。因此，在结构处理上，后中点从腰节线向下低落 1 cm，这样可以防止后腰起涌现象。

7. 后裆缝斜度是指后缝上端处的偏进量，后裆缝斜度大小与臀腰差的大小、后裤片省的多少、省量大小、裤的造型(紧身、适身、宽松)等因素有关。

8.(1)双裥双省式：前片收双裥，后片收双省，适应臀腰差偏大的体型，一般臀腰差在 25 cm 以上。(2)单裥单省式：适应臀腰差适中的体型，一般臀腰差为 20~25 cm。(3)无裥式：适应臀腰差偏小的体型，一般臀腰差在 20 cm 以下。

9. 后片裆缝低落数值是因后下裆缝实际斜度大于前下裆缝线引起的，由此造成后下裆缝线长于前下裆缝线，以后裆缝线低落一定数值来调节前后下裆缝线的长度，低落数值以前后下裆缝线等长即可，同时要考虑面料因素、采用的工艺方法等。

10.(1)裙长：由腰围最细处向上 2~3 cm，向下量至所需长度。(2)腰围：腰围最细处围量一周，加放 1~2 cm。(3)臀围：臀围最丰满处围量一周，加放 4~6 cm(不同年龄、职业，面料加放量不同)。

号/型	部位	裙长	腰围	臀围	腰宽
160/70B	规格	65	70+(1~2)	90+(4~6)	3

11.(1)裤腰围的放松量一般为 1~2 cm。(2)臀围的放松量一般为 7~10 cm。

号/型	部位	裙长	腰围	臀围	腰宽
160/70B	规格	65	70+(1~2)	90+(7~10)	3

任务九　连衣裙、上装结构设计

一、单项选择题

1.D　2.D　3.C　4.D　5.A　6.D　7.D　8.B

二、判断题

1.√ 2.√ 3.× 4.× 5.× 6.√ 7.× 8.√ 9.√ 10.×

三、简答题

1.①前中线,②后中心线(后中线),③前腰围线(腰围线),④前臀围线(臀围线),⑤前侧缝弧线(前侧缝)。

2.①止口线,②叠门线,③前领口弧线,④前肩斜线,⑤前袖窿弧线,⑥胸围线,⑦横省(或腋下省),⑧腰围线,⑨前侧缝弧线,⑩后肩斜线,⑪后领口弧线,⑫后袖窿弧线,⑬后底边弧线,⑭后腰省,⑮背中线。

3.①后片,②前片,③袖片,④袖头(或袖克夫),⑤领面,⑥翻领,⑦领座,⑧领里。

4.

(1)A表示胸围和腰围的差数为14~18 cm。

(2)连衣裙按放松量可以分为紧身类、合身类、宽松类。

(3)无袖连衣裙的胸围放松量加放为4~6 cm。

5.①小袖片,②前片,③大袖片,④领里,⑤后片,⑥挂面,⑦领面。

6.①背中弧线,②胸围线,③前领口斜线(或串口线),④腰省,⑤胁省,⑥袖窿弧线。

7.①连衣裙按造型分为X型、H型、A型;按松量分为紧身型、合身型、宽松型;按腰围高低分为基本腰围型、高腰型、低腰型。②图中连衣裙属于合身型,胸围放松量为4~6 cm。

专业模拟测试

模拟测试一

一、单项选择题

1.B 2.C 3.A 4.C 5.A 6.D 7.C 8.D 9.A

二、判断题

10.× 11.× 12.√ 13.× 14.√ 15.√

三、简答题

16.(1)67~71 cm; (2)79~83 cm; (3)Y;

(4)58~63 cm; (5)B。

(每空3分)

17.

(1)绱袖角度:当上肢抬到一定程度,袖子上没有褶皱,腰线和袖口没有牵扯量时的角度。(3分)

(2)毛样:服装的裁剪规格,包括缝份、贴边等。(3分)

(3)过肩:也称复势、育克,一般常用在男女上衣肩部的双层或者单层布料。(3分)

(4)劈势:直线的偏进,如上衣门里襟上端的偏进量。(3分)

(5)叠门:门襟和里襟相叠合的部分。(3分)

模拟测试二

一、单项选择题

1.C 2.B 3.D 4.C 5.D 6.A 7.C 8.D 9.D

二、判断题

10.× 11.× 12.√ 13.× 14.× 15.×

三、简答题

16.

(1)胸围:经乳点水平围度测量一周。

(2)颈根围:经前颈点、侧颈点、后颈点用软尺测量一周。

(3)头围:以前额丘和后枕骨围量一周。

(4)臂根围:经肩点、前后腋点测量一周。

(5)臂围:肩端点下8~10 cm处围量手臂最粗处一周。

(测量体每正确一个3分)

17.

(1)上装:150/76A,155/80A,160/84A,165/88A,170/92A。

(2)下装:150/64A,155/66A,160/68A,165/70A,170/72A。

(每正确一个1.5分)

模拟测试三

一、单项选择题

1.D 2.A 3.D 4.B 5.A 6.B 7.B 8.D 9.D

(7题说明:胸腰差为12,体型为B,但市场服装一般只有A体型,顾客虽然偏胖,但这是宽松型大衣,可以按正常身高选择。)

二、判断题

10.× 11.× 12.× 13.√ 14.√ 15.√

三、简答题

16. 在总领宽相同的情况下(3分);领座低,后中线直上尺寸大,领外口线长,领外口弧线曲线大,领子穿着后外观反而平坦(6分);领座高后中线直上尺寸小,领上口线短,领外口弧线曲度小,领子穿着后外观反而比较挺直(6分)。

17.①后片(或后衣片),②前片(前衣片),③大袖片,④领面,⑤后领贴(边),⑥领里,⑦小袖片,⑧挂面。(每正确一个3分)

模拟测试四

一、单项选择题

1.D　2.A　3.B　4.A　5.D　6.C　7.A　8.C　9.C

（6题说明：胸腰差为12，体型为B，但市场服装一般只有A体型，顾客偏胖，但这是宽松型大衣，考虑大一点的型号，170/92A夏季短袖微弹力高腰连衣裙放松量8 cm左右，胸围可以满足顾客。）

二、判断题

10.√　11.√　12.×　13.×　14.√　15.×

三、简答题

16.（1）袖窿：AH；（2）颈肩点：NP；（3）肩宽：S；（4）肘线：EL；（5）臀围：H。

（每正确一个3分）

17.在立领结构样板设计中，起翘量越大，领上口弧线就越短，立领与脖子之间的距离就越小（5分），但是领上口弧线缩短是有限的，即保证穿上后不能紧卡住脖子（2分）。相反，起翘量变小领上口弧线就远离脖子，形成向外张开的形状，变成倒立领（4分）。如果起翘量向下，领型就从立领逐渐变成翻领（4分）。

模拟测试五

一、单项选择题

1.A　2.A　3.D　4.C　5.D　6.B　7.C　8.D　9.C

二、判断题

10.√　11.×　12.√　13.√　14.√　15.×

三、简答题

16.①前片,②后片,③侧片,④大袖片,⑤挂面,⑥小袖片,⑦领面,⑧领里。(任写5个,每正确一个3分)

17.

(1)针织类服装胸围的放松量为-8~0 cm(2.5分)。

(2)紧身类在胸围的放松量为2~6 cm(2.5分)。

(3)合体类在胸围的放松量为8~10 cm(2.5分)。

(4)较宽松类服装在胸围的放松量为12~16 cm(2.5分)。

(5)宽松类服装在胸围的放松量为18~24 cm(2.5分)。

(6)更宽松的服装在胸围的放松量可为26~40 cm(2.5分)。

学科综合测试

专业综合测试题一

一、单项选择题

1.A　2.D　3.B　4.C　5.A　6.C　7.C　8.D　9.C　10.D

11.D　12.A　13.D　14.C　15.C　16.B　17.B　18.D　19.B　20.D

21.C　22.C　23.C　24.D　25.A

二、判断题

26.×　27.×　28.×　29.×　30.√　31.√　32.√　33.×　34.×　35.√　36.×　37.√

38.√　39.√　40.×　41.×　42.×　43.×　44.√　45.×

三、简答题

46.(1)略;(2)拔开符号;(3)剪切符号;(4)重叠符号;(5)丝缕(经向)符号。(每正确

一个3分）

47.

（1）通常根据腰围、臀围差数来确定收几个省，当$(H-W)/4 \le 6$ cm时收1个省，当$(H-W)/4 \ge 6$ cm时收2个省（6分）。

（2）由于腰节高离腹部距离较短，省道不能太长（3分）。

（3）省的长度与省量有关，省量大则省长，省量小则省短（3分）。

（4）还应结合面料和造型要求来调节（3分）。

48. 图案的组织形式有单独纹样（1分）、适合纹样（1分）、二方连续（1分）、四方连续（1分）；图案的装饰手法有印花、刺绣、烂花、绗缝、补花、编结（1词1分共6分）。题48图中的图案组织形式是二方连续（3分），装饰手法是编结（2分）。

49. 牵带用直丝黏合衬，宽1.2 cm；沿止口净粉线，自装领点至底边圆角处敷牵带；牵带在胸部一段要拉紧，腰节部位平敷，底边圆角处带紧，驳口线一段的牵带也要带紧。

专业综合测试题二

一、单项选择题

1.C　2.B　3.B　4.B　5.C　6.A　7.A　8.D　9.A　10.C　11.D　12.A　13.B

14.A　15.C　16.A　17.C　18.C　19.B　20.B　21.B　22.A　23.B　24.B　25.A

二、判断题

26.√　27.×　28.×　29.×　30.√　31.×　32.×　33.×　34.√　35.×

36.√　37.×　38.√　39.×　40.×　41.×　42.×　43.√　44.√　45.×

三、简答题

46.

（1）阴裥 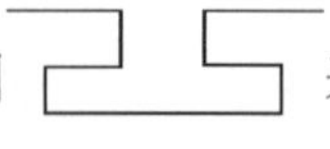 表示裥量在内的褶裥（5分）。

（2）明线符号 - - - - - - - - - - - - - - - - - 表示衣片在缝合部位缉明线线迹（5分）。

(3)丝缕符号 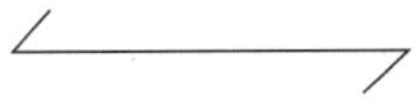 表示面料的经向与样板所标示的方向一致(5分)。

47.甲:155/80A;乙:175/100B;丙:155/80A。

(1)型号规格有10个码,分别为(3分):

155/80A	160/84A	165/88A	170/92A	175/96A
155/84B	160/88B	165/92B	170/96B	175/100B

(2)根据型号和成品尺寸可以看到该连衣裙的胸围放松量为6 cm,成品A体型胸腰差16,B体型胸腰差11(3分)。

(3)顾客甲胸围80,腰围66,胸腰差为14,体型分类属于A;顾客身高162,胸围80,偏瘦,160/84A成品胸围90,腰围74,155/80A成品胸围86,腰围70,推荐型号为155/80A(3分)。

(4)顾客乙胸围102,腰围92,胸腰差为10,体型分类属于B;顾客身高170,胸围102,偏胖,170/96B成品胸围102,腰围91,175/100B成品胸围106,腰围95,推荐型号为175/100B(3分)。

(5)顾客乙胸围82,腰围61,胸腰差为21,体型分类属于Y,选择接近的A体型;顾客身高150,胸围82,比较标准,155/80A成品胸围86,腰围70,推荐型号为155/80A(3分)。

48.(1)色彩的选择必须与主题理念相吻合(5分);(2)掌握好色彩层次性表达,一般一个系列使用的色彩不宜超过4种(5分);(3)分配好主题色调和配角色调之间的比例关系、轻重关系(5分)。

49.前侧缝、前下裆缝、前脚口、前裆缝(除去装门襟处的裆缝一段)、后侧缝、后下裆缝、后脚口、后裆缝、门襟外口、里襟做好后的里口、侧袋袋垫布里口、侧袋袋垫布下口、后袋下嵌线一边、后袋袋垫布一边(任写出5个,每正确一个3分)。